液态肥机械深施理论与技术

王金武　王金峰　著

科学出版社
北　京

内 容 简 介

本书在综述国内外液态肥的使用状况和液态施肥机械技术的发展现状的基础上，通过理论分析、计算机辅助设计、计算机仿真与高速摄像相结合的方法，对液态施肥机关键部件的结构、原理、参数进行研究与探索。从介绍液态施肥机关键部件的结构和工作原理入手，将运动学与动力学理论、流体力学知识、计算机仿真技术和高速摄像的方法相结合，对液态施肥装置及关键部件扎穴机构、分配器和喷肥针的特点进行系统的介绍与分析。

本书适合施肥机械领域的科研人员参考使用。

图书在版编目(CIP)数据

液态肥机械深施理论与技术/王金武，王金峰著.—北京：科学出版社，2012

ISBN 978-7-03-033852-5

Ⅰ.①液… Ⅱ.①王…②王… Ⅲ.①液体肥料-施肥机具-研究 Ⅳ.①S224.21

中国版本图书馆 CIP 数据核字(2012)第 043678 号

责任编辑：丛 楠 于 红 / 责任校对：郑金红
责任印制：张克忠 / 封面设计：北京科地亚盟图文设计有限公司

科 学 出 版 社 出版
北京东黄城根北街 16 号
邮政编码：100717
http://www.sciencep.com

骏 杰 印 刷 厂 印刷
科学出版社发行 各地新华书店经销

*

2012 年 3 月第 一 版　开本：720×1000　1/16
2012 年 3 月第一次印刷　印张：7 3/4
字数：150 000

定价：35.00 元
(如有印装质量问题，我社负责调换)

序 FOREWORD

本书是关于液态肥深施方面的著作，是王金武教授科研团队在多年理论研究成果的基础上，通过归纳、提炼形成的一本比较系统的专著。此书内容丰富，对研究液态肥深施技术的科技人员具有很大的参考价值和指导作用。本书主要内容包括：液态施肥机的施肥原理和存在的问题，指出发展我国深施型液态施肥的必要性和发展前景；以质点相对运动微分方程为基础推出解析形式的液态施肥机扎穴机构运动学、动力学方程和液态施肥机分配器运动学方程；通过计算机编程优化求解扎穴机构、分配器运动学和动力学参数；应用VB编写出具有可视化效果的人机交互仿真软件来优化求解扎穴机构的参数；应用Pro/E和ADAMS软件对深施型液态施肥机的关键部件扎穴机构和分配器进行动态仿真；应用高速摄像的方法对扎穴和喷肥的工作过程进行拍摄，借助高速摄像技术及图像处理技术对扎穴和喷肥的运动规律进行分析。

本书的特点是：①理论性强，对深施型液态施肥扎穴机构进行了运动学分析和动力学分析；②研究方法先进，将理论分析、计算机辅助设计、计算机仿真与高速摄像等研究方法结合起来，对深施型液态施肥关键部件进行分析。

王金武教授所著的《液态肥机械深施理论与装置》一书的出版，是液态肥深施技术的继承和发展，在一定程度上可以满足当前农机领域普遍提出的要开发具有自主知识产权的农机产品的迫切需要，相信会受到广大读者的欢迎。

最后，祝王金武教授和他的科研团队取得更大的成绩。

2012年3月7日

前言 PREFACE

液态肥深施技术是提高肥效利用率，减轻环境污染的主要措施之一。大面积应用化肥深施技术，氮素化肥的平均利用率可由 30% 提高到 40% 以上，磷素化肥和钾素化肥平均利用率也有所提高。中国生产液态肥的企业很多，但生产液态肥施用机具的单位却很少。因此，研究适合我国国情的液态施肥机具势在必行。扎穴机构、分配器和喷肥针是液态施肥机的关键部件，其工作性能直接影响施肥质量和效率，因而研究扎穴机构、分配器和喷肥针对最终研制出深施型液态施肥机具有理论价值和现实意义。本书内容是在以下科研项目资助下完成的：

（1）国家自然科学基金资助项目：深施型液态施肥机构的基础理论与关键技术研究（50875043）。

（2）高等学校博士点专项科研基金资助项目：基于遗传算法的深施型液态施肥关键部件工作机理的研究（20102325110002）。

（3）黑龙江省留学归国人员科学技术专项资金：深施型液态施肥机器系统关键技术研究（LC08C15）。

本书共分 7 章。第 1 章绪论，详细介绍研究深施型液态施肥机的意义，以及液态肥和液态施肥机的施肥方式、发展现状、存在问题，指出发展我国深施型液态施肥的必要性和发展前景。第 2 章以质点相对运动微分方程为基础推出解析形式的液态施肥机扎穴机构运动学、动力学方程和液态施肥机分配器运动学方程，研究液态肥在管路中的流动状态、速度分布、起始流量、压力计算、能量损失和功率计算等问题，为计算机编程求解扎穴机构、分配器的结构参数和扎穴机构动力学特性，减少液态肥在管路中流动时能量损失以及合理选择液泵、节流阀、过滤器等输送设备提供理论支持。第 3 章应用第 2 章中扎穴机构和分配器的理论分析，通过计算机编程优化求解扎穴机构、分配器运动学和动力学参数，应用 Visual Basic 6.0 编写出具有可视化效果的人机交互仿真软件来优化求解扎穴机构的参数，分配器的优化问题主要在于确定分配器凸轮轮廓曲线，应用 Visual Basic 6.0

编程优化求解，得出凸轮轮廓曲线。第 4 章应用 Pro/E 和 ADAMS 软件对深施型液态施肥机的关键部件扎穴机构和分配器进行动态仿真，应用 Pro/E 软件进行深施型液态施肥装置试验台的设计。由于扎穴运动和喷肥过程属于高速运动，与扎穴动作相配合的喷肥动作在高速运动过程中却难以记录或观察。为了观察扎穴机构运动轨迹是否满足设计要求，检验扎穴过程与喷肥过程的同步性，分析和验证液态肥的施肥损失率，第 5 章采用高速摄像的方法对扎穴和喷肥的工作过程进行拍摄，借助高速摄像技术及图像处理技术对扎穴和喷肥的运动规律进行分析。第 2～5 章是将理论分析、计算机辅助设计、计算机仿真与高速摄像等研究方法结合起来，对深施型液态施肥关键部件进行分析，是本书的特色。第 6 章主要介绍全椭圆齿轮行星系扎穴机构的特点，它是将理论分析、计算机辅助设计、计算机仿真与高速摄像等研究方法相结合的另一应用。

  本书由东北农业大学王金武教授的团队根据多年研究成果编写而成，在此对付出辛苦劳动的所有研究生表示感谢。

  由于学识水平和时间精力所限，书中还存在不足之处，恳请专家和读者批评指正。

作　者

2012 年 1 月于哈尔滨

目录 CONTENTS

前言
1 绪论 ………………………………………………………………… 1
  1.1 我国研究深施型液态施肥技术的目的和意义 ……………… 1
  1.2 国内外液态肥发展现状 ………………………………………… 3
  1.3 国内外液态施肥机的研究现状 ……………………………… 5
  1.4 深施型液态施肥机的应用前景 ……………………………… 10
  1.5 研究的主要内容 ……………………………………………… 10
2 深施型液态施肥关键部件的理论分析 ……………………………… 12
  2.1 扎穴机构的运动学和动力学分析 …………………………… 12
    2.1.1 扎穴机构结构和工作原理 ……………………………… 13
    2.1.2 椭圆齿轮的角位移分析 ………………………………… 14
    2.1.3 扎穴机构的运动学模型 ………………………………… 14
    2.1.4 扎穴机构的动力学模型 ………………………………… 17
  2.2 分配器的运动学分析 ………………………………………… 22
    2.2.1 凸轮机构基本尺寸设计 ………………………………… 23
    2.2.2 分配器的结构及工作原理 ……………………………… 30
    2.2.3 分配器凸轮轮廓设计 …………………………………… 31
  2.3 喷肥针的理论分析 …………………………………………… 32
    2.3.1 喷肥针结构及工作原理 ………………………………… 33
    2.3.2 液态肥在喷肥针喷口处的出流特性 …………………… 34
    2.3.3 液态肥在管路中的流动状态及速度分布 ……………… 36
    2.3.4 管路中的阻力和功率损失 ……………………………… 37
3 扎穴机构和分配器的优化设计 …………………………………… 38
  3.1 开发平台和开发工具的选择 ………………………………… 39
  3.2 人机交互的优化方法 ………………………………………… 41

3.3 扎穴机构的运动学优化 ······ 42
3.3.1 数学模型 ······ 43
3.3.2 计算机辅助设计 ······ 43
3.3.3 结果分析 ······ 44
3.3.4 优化结果 ······ 54
3.4 扎穴机构的动力学优化 ······ 56
3.4.1 优化目标 ······ 56
3.4.2 目标函数 ······ 57
3.4.3 约束条件 ······ 57
3.4.4 模型优化 ······ 57
3.4.5 优化结果 ······ 58
3.5 分配器的优化设计 ······ 59
3.5.1 目标函数 ······ 60
3.5.2 计算机辅助设计 ······ 60

4 关键部件动态仿真及深施型液态施肥装置设计 ······ 62
4.1 扎穴机构的动态仿真 ······ 62
4.1.1 椭圆齿轮Pro/E设计与仿真 ······ 63
4.1.2 扎穴机构Pro/E运动学仿真 ······ 63
4.1.3 扎穴机构ADAMS动力学仿真 ······ 69
4.2 分配器的动态仿真 ······ 76
4.2.1 凸轮的Pro/E设计与仿真 ······ 76
4.2.2 分配器Pro/E运动学仿真 ······ 77
4.2.3 分配器ADAMS动力学仿真 ······ 79
4.3 深施型液态施肥装置试验台Pro/E设计 ······ 81
4.3.1 深施型液态施肥装置试验台结构及工作流程 ······ 82
4.3.2 试验台辅助装置结构简介 ······ 84

5 深施型液态施肥装置施肥过程高速摄像判读分析 ······ 87
5.1 系统选型 ······ 87
5.2 材料与方法 ······ 87
5.2.1 试验材料 ······ 87
5.2.2 试验方法 ······ 88
5.3 高速摄像判读分析 ······ 89

    5.3.1　液态肥喷施过程 …………………………………… 89

    5.3.2　液态肥施肥损失 …………………………………… 91

    5.3.3　喷肥针尖运动轨迹 ………………………………… 92

6　全椭圆齿轮行星系扎穴机构的设计与仿真 …………………… 94

  6.1　全椭圆齿轮行星系扎穴机构的特点 …………………… 94

  6.2　全椭圆齿轮行星系扎穴机构运动学模型的建立 ……… 95

    6.2.1　扎穴机构的角位移分析 …………………………… 95

    6.2.2　扎穴机构运动学模型 ……………………………… 97

    6.2.3　机构上各点位移方程和各构件的角位移方程 …… 98

    6.2.4　机构上各点速度方程和各构件的角速度方程 …… 99

  6.3　全椭圆齿轮行星系扎穴机构的计算辅助设计 ………… 101

  6.4　全椭圆齿轮深施肥扎穴机构的动态仿真 ……………… 102

  6.5　液态肥输送防缠绕设计 ………………………………… 104

7　存在问题与展望 ………………………………………………… 108

参考文献 …………………………………………………………… 110

1 绪 论

1.1 我国研究深施型液态施肥技术的目的和意义

中国是一个农业大国，也是一个肥料生产和消费大国。肥料对农业生产的发展，特别是粮食生产起到了重要作用。中国用不到世界10%的耕地，养活了占世界22%的人口，这与肥料的贡献是分不开的。从温家宝总理向第12届世界肥料大会发去的贺信词中可以看出，肥料是农业的重要生产资料，在农业现代化进程中发挥了显著作用。但是，肥料生产和使用过程中存在的肥料施用不合理、肥效低、肥料浪费和环境污染等问题越来越引起关注。液态肥以生产费用低、施肥方便、吸收快、用肥省、可以改善农产品品质等诸多优点广泛应用于农业生产中。

为了兼顾农业经济效益和生态效益，促进农业的发展，施用液态肥是现阶段一种可行的选择。液态肥在生产和运输过程中无粉尘、无烟雾、减少了因三废排放对环境造成的污染。液态肥适用于小麦、水稻、玉米、大豆、茶叶、烟叶、花卉和中草药等作物，应用范围广；能够刺激作物活性，加速有机物质分解，调节土壤的酸碱度，改良土壤，消除板结；可使农作物增产15%～30%，果菜类增产20%～40%，叶菜类增产1～2倍；具有吸收速度快，稳定性好，抗逆性强，对人和畜禽无毒无害等优点。

深施技术是通过施肥机具将肥料深施在作物根系附近，即位于地表以下60～100mm土壤层中，使养分能够被充分吸收，减少肥料有效成分的挥发和淋失，达到提高肥料利用率、保护环境和节本增效的目的。科学合理的施用肥料，对提高农作物产量，降低生产成本，增加农民收入，提高农业的投入产出率具有重要意义。深施技术是相对于撒施或浅施提出的，其优点在于：

1. 深施技术能够增强作物的抗逆性

大部分作物根系具有趋肥性，肥料施用过浅，作物根系大多集中在土壤表层。肥料深施后，吸引作物根向土壤下层深扎。根深能大大增强作物抗倒伏、抗旱能力，有利于促进作物高产。

2. 深施技术有利于减轻作物后期早衰

土壤肥力不足会导致所种作物生育后期早衰。肥料深施以后，有利于供应作物生育中后期所需的养料，延长作物功能叶的生命活力和叶绿素含量，增强光合作用能力，避免后期脱肥。

3. 深施技术可以减少肥料损失

有些肥料如铵态氮肥和酰铵态氮肥施入土壤后，铵态氮在土壤表层，易被硝化细菌转化成硝态氮。土壤胶体不能吸附硝态氮，除了随水呈水平方向流失，还会呈垂直方向移动，渗入土壤下层。硝态氮在土壤下层，会受反硝化细菌作用，变成氮气和一氧化碳，扩散到空气中去，降低肥效。而铵态氮肥深施后，由于土壤下层硝化细菌极少，不易被转化为硝态氮，反硝化细菌也不能转化铵态氮。因此，可大大减轻肥料的损失。

4. 深施技术能够有效地提高肥料利用率

中国农业科学院土壤肥料研究所曾做过同位素跟踪试验，试验将碳酸氢铵和尿素深施到地表以下 60~100mm 的土层中，其氮的利用率可以达到 58% 和 50%；而采用表面撒施的施肥方式，其氮的利用率仅为 27% 和 37%。由同位素跟踪试验结果可知，深施肥料利用率比表面撒施肥料利用率高。大面积应用肥料深施技术，氮素肥料平均利用率可由 30% 提高到 40% 以上，磷素肥料和钾素肥料平均利用率也有所提高。与表面撒施固态肥料相比，深施液态肥不仅可以减少肥料挥发和风蚀的损失，增大土壤肥效区域，促进作物吸收，而且使肥料利用率由 30% 提高到 60%，肥料使用量节约 1/3~1/2。

5. 深施技术能够提高作物产量

在同样条件下，深施液态肥比喷撒施肥使小麦、玉米增产 225~675kg/hm²，棉花（皮棉）可增产 75~120kg/hm²，大豆可增产 225~375kg/hm²，增产幅度平均在 5%~15%。

6. 深施技术可以减少对环境的污染，促进生态环境可持续发展

深施能够有效地减少肥料中氮素挥发，在保持氮肥肥效的同时，减轻氨气和一氧化氮对空气的污染，降低肥料对水源的污染。深施使肥料有效成分被充分利用，减少肥料的残留量，减缓盐碱化过程，不致使土壤品质退化，这也符合农业可持续发展战略。

当前，中国生产液态肥的企业虽然很多，但生产液态肥施用机具的企业却很少。中国还没有可完成深施液态肥的机具，相关研究也尚未开展，开展此项技术及配套机具的研究已成为当务之急。本书将液态肥和深施技术结合，实现液态肥深施作业，对深施型液态施肥机具和施肥装置的研究具有很强的现实意义，是解决我国施肥问题的主要途径。因此，无论从节约和环保的角度出发，还是从经济效益和社会效益的角度考虑，都急需研究适合我国国情的深施型液态施肥机具和施肥装置。国家也非常重视这一方面，将液态肥深施技术作为农业机械化的关键技术之一。

1.2 国内外液态肥发展现状

液态肥在农业领域的应用已有悠久历史。人类很早就开始利用液态有机废物作为农作物养料。1808 年，英国的 Hemfri Geivi 首先提出用无机盐溶液作为农作物养料的概念；1840 年，爱尔兰建立了世界上第一座无机液态肥工厂；1923 年，美国加利福尼亚的澳克兰 G-M 公司建成美国第一座液态肥工厂，20 世纪 30 年代初开始液氨直接施肥的试验。此后，世界液态肥生产一直稳步上升，1960 年，英国液态肥生产能力为 4.93 万 t，1970 年发展到 14.5 万 t。美国液态肥的发展比其他国家更为迅速，主要原因在于美国液态肥的生产、储存、运输和施用逐步得到妥善解决。

世界液态肥的研制、生产和使用主要集中在北美洲和欧洲。美国根据不同的土壤、农作物以及农作物在不同生长阶段的需要，配制出各种规格的液态肥。例如，液氨、氨水、尿素溶液、尿素＋硝铵溶液（UAN）、氨溶液＋磷铵等清液肥料，磷铵＋微量元素＋农药、磷酸加氨＋微量元素＋农药，以及分别用石灰石粉、石膏粉、硫化物、磷矿粉与磷酸、磷铵、氨、钾盐等原料配制而成的各种规格的悬浮液态肥。液态肥在美国的广泛应用，在一定程度上促进了美国农业的发展。目前，美国液氨施用量占氮肥总量的 38%，加拿大、澳大利亚、丹麦等国为 22%～36%，印度、埃及等一些发展中国家也在积极推广液氨直接施用技术。

世界液态肥消费量北美居第一位，约占世界液态肥消费总量的 70%，西欧居第二位，约占世界液态肥消费总量的25%。据报道，液态肥中的氮肥，北美也占全球消费总量的70%；而氮素液态肥中直接施肥的液氨，北美消费量高达世界液氨肥料的92%。

中国对液态肥的应用研究始于20世纪50年代，1958年科研人员在北京和东北公主岭开展过液氨直接施肥实验。由于当时中国氮肥工业尚未大量兴起，氮源无保障，中国整体经济实力比较低，农业处于小农经济状态，所以液态肥的应用停顿下来。70年代后期随着氮肥工业的发展，氨源有了一定保障，液氨直接施肥这项技术在众多专家和有关部委领导的倡导支持下，重新提到日程上，先后在北京、浙江、山东、河北、广东、新疆等地进行了液态肥施肥试验。例如，浙江嘉兴曾在早稻和晚稻中冲施液氨；山东阳谷、河北卢台农场在大田施用液氨，均收到良好效果；广东省佛山地区1980年使用液氨直接施肥于早稻田，增产了5%～10%。以上四处分别因农业机械配套不合理或氨源无保障等原因未继续维持。北京和新疆两地的液氨施肥试验、示范和推广工作开展得较为系统，居国内领先地位，均已通过部级鉴定。他们对液氨直接施用的机理、施用方法，施用后的经济效益以及注意事项等方面都提出了有指导意义的论据。特别是北京地区起步最早，在施肥机械无样机、无资料的情况下，根据液氨的特点，结合中国国情研制出了液氨直接施肥的机具和与其配套的计量仪器，为国内液氨直接施肥提供了可靠的机具，为今后的发展奠定了基础。十余年来，共有几十万亩农田施用液氨，涉及作物种类包括大田作物（小麦、玉米、水稻）、蔬菜（大白菜）、果树（桃、苹果、葡萄）、饲料（早青储玉米、晚青储玉米）等。1980年，新疆农垦总局开始使用液氨直接施肥，1986年使用液氨直接施肥面积为9000hm^2，以后又从美国引进施肥机械，到1996年累计施肥面积超过105万hm^2。为了提高我国的液态肥施用率，农业部已把液态氮肥（特别是液氨）的直接施用列为推广试验项目。多年来，国内的一些肥料生产企业、科研单位也加强了对液态复合肥的研究，并相继开发和生产含氮、磷的基础液态肥、酸性液态复合肥、磷酸二氢钾复合肥、有机液态肥以及含微量元素的液态复合肥等。2002年，利用中国科学院开发的酸性液态复合肥技术建成的一套年产2万t的生产装置，在新疆投入运行，其生产的酸性液态肥在新疆生产建设兵团1.5万hm^{2}棉花种植田中施用后，经田间试验对比，肥料利用率提高30%，节约肥料成本20%，增产约15%。新疆地区的地理和气候环境决定了液态肥在该地区的应用有很大潜力。国内生产的液态肥除大面积根部施用外，一部分也用做叶面施肥，如对小麦、玉米、棉花、水稻、甜菜及油葵等农作物用液态肥进行根施灌溉；而对蔬菜、水果、园林及花卉等经济作物在生长期内经常喷洒液态肥；烟草产区除施基肥外，还在烟草生长期内喷施或灌溉液态肥。目前，我国还没有液态肥施用的详细统计数据，初步估计每年用量约30万t。

1.3 国内外液态施肥机的研究现状

从国内外液态肥的发展现状可以看出，国外对液态肥的研究比较早，而且非常深入细致，液态肥施用机具的种类也很多。广泛采用的施肥方式主要有叶面喷洒液态肥、滴灌施液态肥和深施液态肥。叶面喷洒液态肥是通过施肥机具将液态肥喷施在作物的叶片上，这种施肥方式作业速度快、效果明显、施肥方便，但与深施液态肥相比肥料利用率比较低，且对环境造成污染。用这种方式施肥的机具比较多，技术相对成熟。例如，约翰迪尔公司生产的4730自走式液态施肥机是一种采用喷洒施肥方式的液态施肥机具，作业宽度可达27.4m，如图1.1所示。凯斯公司生产的爱国者3320自走式液态施肥机，既可完成施肥作业，又可用于喷药作业，该机器作业速度为20km/h，作业幅宽可达30m。由于采用全液压控制，轮距可以根据作物行距自动调整，如图1.2所示。十方公司生产的大平原喷洒及施肥设备，具有精准的电子控喷系统，喷施架有自动锁定系统，当一侧喷施架向上抬时，另一侧的喷施架不会因此而摆动，对地面的仿形极好，如图1.3

图1.1 约翰迪尔4730自走式液态施肥机

图 1.2 凯斯爱国者 3320 自走式液态施肥机

图 1.3 大平原密特高喷洒施肥机

所示。Jacto 公司生产的 UNIPORT2000 自走式喷药施肥机，作业幅宽可达 21m，作业效率每天可达 300hm^2。十方公司生产的海吉 STS-10 喷洒去雄组合机既可以喷洒农药，又能用于施液态肥。该机装有 GPS，喷洒精准，精准率可达 96%，可对高秆作物进行后期追肥，作业幅宽可达 27.4m，如图 1.4 所示。凯斯公司生产的 3310 自走式液态施肥机，幅宽 27.4m，作业速度快，施肥效率高，液箱可以储存液态肥 4.2t，如图 1.5 所示。虽然叶面喷洒液态肥这种施肥方式存在肥料利用率低的缺点，但仍是一种非常先进的施肥方式。

图1.4 海吉 STS-10 喷洒去雄组合机

图1.5 凯斯 3310 自走式液态施肥机

滴灌施肥是通过安装在毛管上的滴头、孔口或滴灌带等灌水器将液态肥一滴一滴地、均匀而又缓慢地滴入作物根区附近土壤中的施肥方式。国外许多缺水的国家使用这种灌溉施肥方式，由于施肥量小，液态肥缓慢入土，因而在滴灌条件下除仅靠滴头下面的土壤肥量处于饱和状态外，其他部位的土壤肥量均处于非饱和状态，肥效利用率高且对环境污染小。滴灌施肥如图1.6所示。

以色列生产的自动灌溉施肥机，能够按照用户设置的灌溉施肥程序和 EC/PH 进行实时监控，通过机器上的一套肥料泵准确适时地将肥料养分直接注入灌溉管道中，连同灌溉水一起适时适量地施给作物，有效提高水肥

图 1.6　滴灌施肥

耦合效应和水肥利用率。以色列Eia-Tal公司研制生产一种自流滴灌节水系统（GDIS），使这种灌溉施肥方法在以色列和世界许多缺水地区迅速推广。Marek等在美国得克萨斯州的一个半干旱地区进行了变量灌溉施肥的研究。

滴灌施肥肥效利用率高，对环境污染小，但这种施肥方式成本比较高，不适合大田作业，因此，滴灌施肥方式无法在中国大面积推广和普及。

中国液态肥施用机械种类不多，主要以条施为主。例如，新疆石河子农业局研制的2FY-16型悬挂式液氨施肥机，北京市朝阳区农机研究所研制的2FY-5型液氨施肥机，农一师一团液氨办研制的2FYA-4.2-2液氨施肥机，黑龙江省农业机械科学工程研究院研制的FY400型多功能液态深施施肥机。上述机具均存在肥料浪费严重的缺点。

黑龙江省八一农垦大学从事液态肥施用装置设计与试验，黑龙江、新疆等省的企业也在对这方面的技术进行研究，但仍处于起步阶段。东北农业大学设计研发的深施型液态施肥机能将液态肥喷施在作物根系附近的土壤层中，在施肥过程中不破坏作物根系，大大提高肥料利用率，对环境也不会造成污染；与中耕三铧犁配套使用，一次完成扎穴、追肥、中耕培土作业，与播种机配套，可一次完成开沟、条施液态肥、播种、覆土和镇压等作业，更换部件还可以进行植保作业。深施型液态施肥机具的研制在国内外还很少，第一代机型如图1.7所示。该机特点是采用曲柄摇杆机构作为扎穴机构，这种机构结构简单紧凑，能够实现深施液态肥的作业要求，

图1.7　深施型液态施肥机

但运动不平稳、效率低，即使采用机构优化、平衡和减振等办法，仍无法保证液态施肥机高速作业时具有良好的施肥质量。因此，本书借鉴高速水稻插秧机分插机构的工作原理，重新设计液态施肥机的关键部件扎穴机构，并设计优化液态施肥机的分配器和喷肥针，为研制新型液态施肥机奠定基础。

1.4 深施型液态施肥机的应用前景

目前，国际肥料正在向高浓度、复合化、液态化、缓释化的方向发展。由于液态肥具有生产费用低、养分含量高、易于复合、能直接被农作物吸收、便于配方施肥和机械化施肥等诸多优点，越来越受到各国的普遍关注。世界上发达国家的农业集约化和产业化水平很高，为农业机械化耕作和机械化施肥创造了良好条件，因此液态肥得到广泛应用。

中国是农业大国，肥料消费量居世界首位。在大量的肥料消费中，液态肥的消费量所占的比重很小，同世界上发达国家相比存在相当大的差距。液态肥的发展水平在一定程度上与国家的农业发展水平、地理和气象条件、肥料生产企业的农化服务意识以及农民对液态肥的生产和施用有相当大的关系。因此，我国液态肥的发展具有广阔的空间。

从国内外的发展现状来看，资源节约和环境保护对农业发展具有重大的意义，深施型液态施肥机具的研制符合未来农业的发展趋势，也符合中国现阶段的国情，所以深施型液态施肥机具的研制发展前景十分广阔。

1.5 研究的主要内容

本书针对中耕作物的特点，采用理论分析和计算机仿真相结合的方法，对液态肥机械深施理论和施肥装置进行分析与研究，为新型液态施肥机具的研发提供科学依据和方法。本书主要研究的内容与方法如下：

1. 扎穴机构的设计与分析

研究主要包括三个方面：

（1）如何保证扎穴质量，即如何实现扎穴施肥时喷肥针的轨迹和姿态，达到沟痕宽度小、深度满足不同作物的需求。

（2）如何保证喷肥质量，即如何实现喷肥针入土后喷施液态肥和离土前停喷液态肥的动作，达到施肥损失率小，施肥量可根据作物需肥量的不同进行调节。

（3）如何提高单位时间的扎穴次数，实现深施型液态施肥机高速作业。目前，研制的旋转式扎穴机构主要包括椭圆齿轮行星系扎穴机构和全椭圆齿轮行星系扎穴机构。本书总结两种扎穴机构的组成及工作原理，进行运动学分析，建立运动学模型，应用 Visual Basic 6.0 软件编程得出满足机构运动要求的最优参数范围；对该机构进行动力学分析，以运动学得出的最优参数范围作为约束条件，得到优化的动力学模型；根据最优参数设计扎穴机构，应用计算机仿真软件 Pro/E 绘制扎穴机构，应用 Pro/E 和 ADAMS 软件进行仿真。

2. 分配器的设计与分析

分配器采用与扎穴机构同步运转的凸轮机构，保证液态施肥机喷肥过程在时间上能准确配合；建立分配器凸轮机构数学模型，应用 Visual Basic 6.0 软件编程得出满足机构运动要求的凸轮轮廓曲线，将凸轮轮廓曲线导入 Pro/E，应用 Pro/E 和 ADAMS 软件对扎穴机构进行设计与仿真验证。

3. 喷肥针结构设计和液态肥在喷肥针中流动的理论分析

为解决分配器因开闭频繁，难以瞬间截止和形成脉动喷施的难题，为保证施肥的有效性，避免浪费，设计了一种结构简单、工作可靠的喷肥针。喷肥针是根据压力控制阀原理进行设计的，根据液态肥压力的大小控制喷肥针口的开闭，从而保证液态施肥机喷肥过程流量的稳定。以射流理论和流体动力学为基础，研究液态肥在管路中的流动状态、速度分布、起始流量、压力计算、能量损失和功率计算等问题，分析液态肥在喷肥针口处的出流特性。

4. 液态施肥试验台的设计

试验台采用 Pro/E 软件进行设计，并在运动仿真和干涉检查中修正液态肥施肥装置的具体结构。建立液态施肥装置试验台，应用高速摄像的方法对液态肥喷施过程、液态肥施肥损失和喷肥针尖运动轨迹进行判读分析，为扎穴试验和喷肥试验研究奠定基础。

2 深施型液态施肥关键部件的理论分析

运动学和动力学是理论力学的分支学科。前者是在不考虑力和质量等因素的影响下，运用几何学方法研究点的运动方程、轨迹、位移、速度、加速度及刚体的转动过程、角速度、角加速度等运动特征；后者是研究作用于物体的力与物体运动的关系。随着近代科学的发展，对刚体绕定点相对运动的研究显得越来越重要。例如，机器人的活动臂、水稻插秧机的分插机构和液态施肥机的扎穴机构等均属于刚体绕定点的相对运动。现有的刚体相对运动微分方程具有理论意义，但不适用于计算机编程求解运动参数。本书借鉴赵匀教授提出的机构分析方面的规则和方法，舍弃通常的假设条件，以质点相对运动微分方程为基础推出解析形式的液态施肥机扎穴机构运动学、动力学方程和液态施肥机分配器运动学方程，为计算机编程求解扎穴机构、分配器的结构参数和扎穴机构动力学特性提供理论支持。

流体经过孔口出流在许多领域得到广泛应用。例如，液压管路中的换向阀、节流阀，消防用的龙头，柴油机的喷油嘴，液态施肥机的喷肥针等均属于孔口出流的问题。本书以流体力学为基础，对液态肥在喷肥针中的流动进行理论分析，研究液态肥在管路中的流动状态、速度分布、起始流量、压力计算、能量损失和功率计算等问题，为减少液态肥在管路中流动时的能量损失和合理选择液泵、节流阀、过滤器等输送设备提供理论依据。

2.1 扎穴机构的运动学和动力学分析

扎穴机构是将喷肥针插入土壤并喷施液态肥的机构，是液态施肥机的重要工作部件，其性能决定施肥质量、工作可靠性和作业速度。传统的扎穴机构采用曲柄摇杆机构或曲柄滑块机构，这两种机构结构简单紧凑，能够实现深施液态肥的作业要求，但运动不平稳、效率低，尽管采用机构优化、平衡和减振办法，其每分钟实际扎穴次数最多只有120次，无法保证深施型液态施肥机高速作业时仍具有良好的施肥质量。因此，本章借鉴高速水稻插秧机分插机构的工作原理，设计一种结构简单、运动平稳的椭圆齿轮行星系作为深施型液态施肥机的扎穴机构。该机构把匀速回转运动转换为非匀速回转运动，实现变速传动，每分钟扎穴次数可达 280 次。与传统的扎穴机构相比，椭圆齿轮行星系扎穴机构单位时间内的扎穴次数明显提高，同时施肥作业质量也较好。

2.1.1 扎穴机构结构和工作原理

扎穴机构由两个全等的椭圆齿轮 2 和太阳轮 1，两个全等的正圆齿轮 3 和行星轮 4，行星架 5，摇臂 6 和喷肥针 7 组成，椭圆齿轮和太阳轮的回转中心均在各自的焦点上。行星架处于初始相位角时，椭圆齿轮的长轴与太阳轮长轴共线。椭圆齿轮和正圆齿轮固结为一体，机构结构示意图如图 2.1 所示。

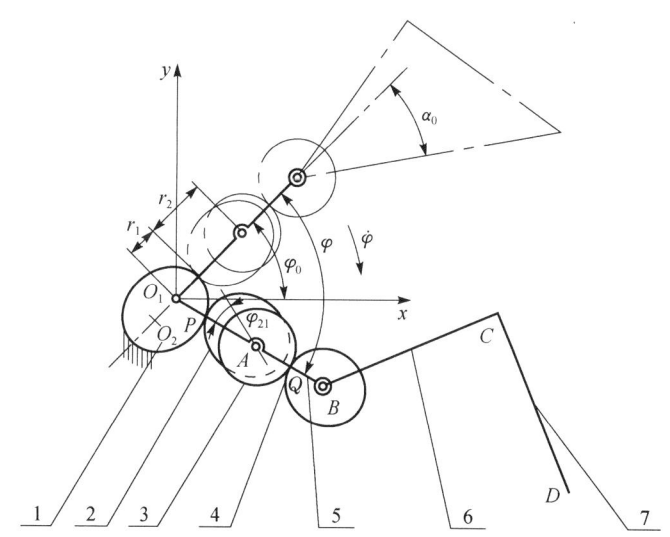

图 2.1 扎穴机构初始位置及行星架转过一角度后的结构示意图
1. 太阳轮；2. 椭圆齿轮；3. 正圆齿轮；4. 行星轮；5. 行星架；6. 摇臂；7. 喷肥针

工作时，太阳轮固定不动，行星架在中心轴的带动下绕回转中心 O_1 转动，由于太阳轮与椭圆齿轮啮合引起传动比的不断变化，导致行星轮做往复摆动。喷肥针装配在摇臂的一端，通过摇臂与行星轮的固结，使喷肥针的牵连运动随着行星架做圆周运动，相对运动随行星轮做不等速逆向转动。

2.1.2 椭圆齿轮的角位移分析

如图 2.1 所示，设行星架转动中心为 O_1，椭圆齿轮和正圆齿轮的转动中心为 A，且 A 点在椭圆齿轮的焦点上，O_1 和 O_2 分别为太阳轮的两个焦点。太阳轮固定在机架上，长轴 $\overline{O_1O_2}$ 为行星架转动初始边，且与 x 轴夹角为 φ_0，行星架转角为 φ，相对于初始边逆时针转动为正，则太阳轮的啮合位置

$$r_1 = \frac{b^2}{a\left[1 + \sqrt{1-\left(\frac{b}{a}\right)^2}\cos\varphi\right]} \tag{2.1}$$

式中，a——椭圆齿轮长半轴，mm；

b——椭圆齿轮短半轴，mm。

假设椭圆齿轮固定不动，行星架相对椭圆齿轮转动。以 A 点为中心，以椭圆齿轮长轴为始边，行星架相对于椭圆齿轮逆时针转过 φ_{21}，则椭圆齿轮的啮合位置

$$r_2 = \frac{b^2}{a\left[1 + \sqrt{1-\left(\frac{b}{a}\right)^2}\cos\varphi_{21}\right]} = 2a - r_1 \tag{2.2}$$

$$\cos\varphi_{21} = \frac{\frac{b^2}{a} - r_2}{r_2\sqrt{1-\left(\frac{b}{a}\right)^2}} \tag{2.3}$$

当 $\varphi \in (-\pi, 0)$ 时，$\varphi_{21} \in (0, \pi)$；当 $\varphi \in (-2\pi, -\pi)$ 时，$\varphi_{21} \in (\pi, 2\pi)$。行星轮相对行星架角位移为 φ_4，且 $\varphi_4 = \varphi_{21}$。

2.1.3 扎穴机构的运动学模型

2.1.3.1 位移方程

太阳轮与椭圆齿轮啮合点 P 位移

$$\begin{cases} x_P = r_1\cos(\varphi_0 + \varphi) \\ y_P = r_1\sin(\varphi_0 + \varphi) \end{cases} \tag{2.4}$$

行星轮与正圆齿轮啮合点 Q 位移

2 深施型液态施肥关键部件的理论分析

$$\begin{cases} x_Q = (2a+R)\cos(\varphi_0+\varphi) \\ y_Q = (2a+R)\sin(\varphi_0+\varphi) \end{cases} \quad (2.5)$$

式中，R——正圆齿轮半径，mm。

正圆齿轮旋转中心 A 点位移

$$\begin{cases} x_A = 2a\cos(\varphi_0+\varphi) \\ y_A = 2a\sin(\varphi_0+\varphi) \end{cases} \quad (2.6)$$

中间轮（椭圆齿轮与正圆齿轮固结为一体）质心位移

$$\begin{cases} x_2 = x_A + L_{2A}\cos(\varphi+\varphi_0+\pi-\varphi_{21}) \\ y_2 = y_A + L_{2A}\sin(\varphi+\varphi_0+\pi-\varphi_{21}) \end{cases} \quad (2.7)$$

式中，L_{2A}——中间轮质心到旋转中心的距离，mm。

行星轮旋转中心 B 点位移

$$\begin{cases} x_B = (2a+2R)\cos(\varphi_0+\varphi) \\ y_B = (2a+2R)\sin(\varphi_0+\varphi) \end{cases} \quad (2.8)$$

喷肥针尖 D 点位移

$$\begin{cases} x_D = (2a+R)\cos(\varphi_0+\varphi) + S\cos(\alpha_0+\varphi_0+\varphi_4+\varphi) \\ y_D = (2a+R)\sin(\varphi_0+\varphi) + S\sin(\alpha_0+\varphi_0+\varphi_4+\varphi) \end{cases} \quad (2.9)$$

式中，S——行星轮中心点到喷肥针尖点的距离，mm；

α_0——喷肥针尖、行星轮轴连线与行星架的初始夹角，°。

2.1.3.2 速度方程

中间轮旋转中心 A 点速度

$$\begin{cases} \dot{x}_A = -2a\sin(\varphi_0+\varphi)\dot{\varphi} \\ \dot{y}_A = 2a\cos(\varphi_0+\varphi)\dot{\varphi} \end{cases} \quad (2.10)$$

式中，$\dot{\varphi}$——行星架转动速度，r/s。

行星轮旋转中心 B 点速度

$$\begin{cases} \dot{x}_B = -(2a+2R)\sin(\varphi_0+\varphi)\dot{\varphi} \\ \dot{y}_B = (2a+2R)\cos(\varphi_0+\varphi)\dot{\varphi} \end{cases} \quad (2.11)$$

中间轮质心速度

$$\begin{cases} \dot{x}_2 = \dot{x}_A - L_{2A}(\dot{\varphi}-\dot{\varphi}_{21})\sin(\varphi+\varphi_0+\pi-\varphi_{21}) \\ \dot{y}_2 = \dot{y}_A + L_{2A}(\dot{\varphi}-\dot{\varphi}_{21})\cos(\varphi+\varphi_0+\pi-\varphi_{21}) \end{cases} \quad (2.12)$$

当行星架匀速转动时，其角速度 $\dot{\varphi}$ 为常量，则

$$\frac{\dot{\varphi}_2-\dot{\varphi}}{\dot{\varphi}_1-\dot{\varphi}}=-\frac{r_1}{r_2} \tag{2.13}$$

由于太阳轮固定，$\dot{\varphi}_1=0$，根据式（2.13）求得中间轮的绝对角速度

$$\dot{\varphi}_2=\frac{r_1+r_2}{r_2}\dot{\varphi}=\frac{2a}{2a-r_1}\dot{\varphi} \tag{2.14}$$

式中，$\dot{\varphi}_2$——中间轮绝对角速度，r/s。

行星轮的相对角速度计算式为

$$\frac{\dot{\varphi}_4}{\dot{\varphi}_2-\dot{\varphi}}=-1 \tag{2.15}$$

式中，$\dot{\varphi}_4$——行星轮相对角速度，r/s。

由于 $\dot{\varphi}_4=\dot{\varphi}-\dot{\varphi}_2$，对式（2.9）求导，得出喷肥针尖 D 点速度

$$\begin{cases} \dot{x}_D=-\dot{\varphi}L_{OB}\sin(\varphi_0+\varphi)-S(\dot{\varphi}_4+\dot{\varphi})\sin(\alpha_0+\varphi_0+\varphi_4+\varphi) \\ \dot{y}_D=\dot{\varphi}L_{OB}\cos(\varphi_0+\varphi)+S(\dot{\varphi}_4+\dot{\varphi})\cos(\alpha_0+\varphi_0+\varphi_4+\varphi) \end{cases} \tag{2.16}$$

式中，L_{OB}——行星轮质心到旋转中心的距离，mm。

2.1.3.3 加速度方程

速度和角速度方程分别对时间 t 求导得出加速度方程。中间轮旋转中心 A 点加速度

$$\begin{cases} \ddot{x}_A=-2a\dot{\varphi}^2\cos(\varphi_0+\varphi) \\ \ddot{y}_A=-2a\dot{\varphi}^2\sin(\varphi_0+\varphi) \end{cases} \tag{2.17}$$

行星轮旋转中心 B 点加速度

$$\begin{cases} \ddot{x}_B=-(2a+2R)\dot{\varphi}^2\cos(\varphi_0+\varphi) \\ \ddot{y}_B=-(2a+2R)\dot{\varphi}^2\sin(\varphi_0+\varphi) \end{cases} \tag{2.18}$$

中间轮的绝对角加速度

$$\ddot{\varphi}_2=\frac{2a\dot{r}_1\dot{\varphi}}{(2a-r_1)^2} \tag{2.19}$$

其中，

$$\dot{r}_1=\frac{bk\sqrt{1-k^2}\dot{\varphi}\sin\varphi}{(1+\sqrt{1-k^2}\cos\varphi)^2}$$

式中，$\ddot{\varphi}_2$——中间轮绝对角加速度，r/s²；
k——椭圆齿轮短半轴与长半轴之比。

由于行星轮与中间轮的传动是正圆齿轮传动，所以其角加速度

$$\ddot{\varphi}_4 = -\ddot{\varphi}_2 \tag{2.20}$$

式中，$\ddot{\varphi}_4$——行星轮绝对角加速度，r/s²。

喷肥针尖 D 点加速度

$$\begin{cases} \ddot{x}_D = -\dot{\varphi}^2 L_{OB} \cos(\varphi_0 + \varphi) - S(\dot{\varphi}_4 + \dot{\varphi})^2 \cos(\alpha_0 + \varphi_0 + \varphi_4 + \varphi) \\ \quad - S\ddot{\varphi}_4 \sin(\alpha_0 + \varphi_0 + \varphi_4 + \varphi) \\ \ddot{y}_D = -\dot{\varphi}^2 L_{OB} \sin(\varphi_0 + \varphi) - S(\dot{\varphi}_4 + \dot{\varphi})^2 \sin(\alpha_0 + \varphi_0 + \varphi_4 + \varphi) \\ \quad + S\ddot{\varphi}_4 \cos(\alpha_0 + \varphi_0 + \varphi_4 + \varphi) \end{cases} \tag{2.21}$$

2.1.4 扎穴机构的动力学模型

2.1.4.1 太阳轮受力分析

太阳轮的受力分析如图 2.2 所示。中心轮轴对太阳轮的作用力 F_{Ox}、F_{Oy}，椭圆齿轮在啮合点对太阳轮的作用力 F_{Px}、F_{Py}，太阳轮固定不动，列平衡方程得

$$\sum F_x = F_{Px} + F_{Ox} = 0 \tag{2.22}$$

$$\sum F_y = F_{Py} + F_{Oy} - W_1 = 0 \tag{2.23}$$

$$\sum M_O = -F_{Px} y_P + F_{Py} x_P - W_1 \cdot e \cdot a \cos(\varphi_0 - \pi) + M_1 = 0 \tag{2.24}$$

其中，$F_{Px} = F_{Px}(\varphi) = F_{NP} \cos(\varphi + \varphi_0 + \varphi_{P1}) + F_{fP} \cos(\varphi + \varphi_0 + \varphi_{P2})$
$F_{Py} = F_{Py}(\varphi) = F_{NP} \sin(\varphi + \varphi_0 + \varphi_{P1}) + F_{fP} \sin(\varphi + \varphi_0 + \varphi_{P2})$

式中，x_P——F_{Py} 到中心轮轴的垂直距离，mm；
y_P——F_{Px} 到中心轮轴的垂直距离，mm；
W_1——太阳轮重力，N；
e——太阳轮离心率；
M_1——太阳轮的阻力矩，N·m；
F_{NP}——太阳轮与中间轮啮合点 P 的正压力，N；
F_{fP}——太阳轮与中间轮啮合点 P 的摩擦力，N。

φ_{P1} 和 φ_{P2} 角度的确定如图 2.7 所示。

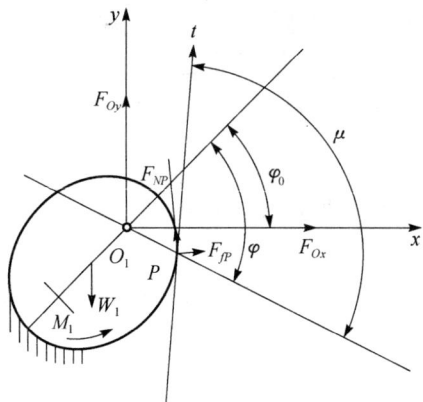

图 2.2 太阳轮受力分析

2.1.4.2 中间轮受力分析

中间轮受力分析如图 2.3 所示。设行星架对中间轮轴的作用力为 F_{Ax}、F_{Ay}，行星轮在啮合点 Q 对中间轮的作用力为 F_{Qx}、F_{Qy}，列平衡方程得

$$\sum F_x = -F_{Px} + F_{Qx} + F_{Ax} - m_2[\ddot{x}_A - \ddot{\varphi}_2(y_2 - y_A) \\ - (\dot{\varphi} + \dot{\varphi}_2)^2(x_2 - x_A)] = 0 \tag{2.25}$$

$$\sum F_y = -F_{Py} + F_{Qy} - W_2 + F_{Ay} - m_2[\ddot{y}_A - \ddot{\varphi}_2(x_2 - x_A) \\ - (\dot{\varphi} + \dot{\varphi}_2)^2(y_2 - y_A)] = 0 \tag{2.26}$$

$$\sum M_A = M_P - M_Q - W_2(x_2 - x_A) - J_{2A}\ddot{\varphi}_2 \\ - m_2[\ddot{y}_A(x_2 - x_A) - \ddot{x}_A(y_2 - y_A)] = 0 \tag{2.27}$$

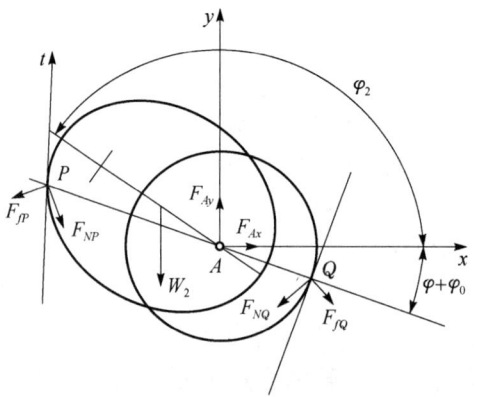

图 2.3 中间轮受力分析

其中，
$$M_P = F_{Px}(y_P - y_A) - F_{Py}(x_P - x_A)$$
$$M_Q = F_{Qx}(y_Q - y_A) - F_{Qy}(x_Q - x_A)$$
$$F_{Qx} = F_{NQ}\cos(\varphi + \varphi_0 + \varphi_{Q1}) + F_{fQ}\cos(\varphi + \varphi_0 + \varphi_{Q2})$$
$$F_{Qy} = F_{NQ}\sin(\varphi + \varphi_0 + \varphi_{Q1}) + F_{fQ}\sin(\varphi + \varphi_0 + \varphi_{Q2})$$

式中，x_Q——F_{Qy} 到中间轮轴的垂直距离，mm；

y_Q——F_{Qx} 到中间轮轴的垂直距离，mm；

m_2——中间轮质量，kg；

W_2——中间轮重力，N；

F_{NQ}——中间轮与行星轮啮合点 Q 的正压力，N；

F_{fQ}——中间轮与行星轮啮合点 Q 的摩擦力，N；

J_{2A}——中间轮的转动惯量，kg·m²。

φ_{Q1} 和 φ_{Q2} 角度的确定如图 2.7 所示。

2.1.4.3 行星架受力分析

行星架受力分析如图 2.4 所示。设行星架对中心轮轴的作用力为 F_{Ox1}、F_{Oy1}（与作用在椭圆回转中心的两个力不相同），列平衡方程得

$$\sum F_x = F_{Ox1} - F_{Ax} - F_{Bx} + F_P\cos\alpha_L = 0 \quad (2.28)$$

$$\sum F_y = F_{Oy1} - F_{Ay} - F_{By} - W_5 + F_P\sin\alpha_L = 0 \quad (2.29)$$

$$\sum M_{O1} = -F_{Ay}x_A - F_{By}x_B + F_{Ax}y_A + F_{Bx}y_B + F_P r + M_{\omega t} = 0 \quad (2.30)$$

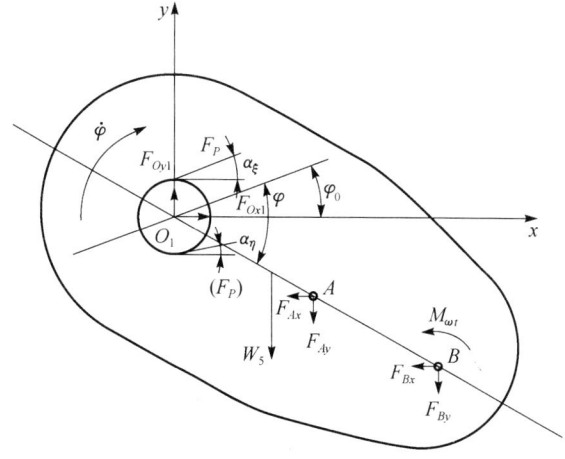

图 2.4 行星架受力分析

式中，F_P——链条驱动力，N；

r——F_P 到中间轮轴的垂直距离，mm；

W_5——行星架重力，N；

α_L——F_P 与水平方向夹角，正向驱动时 $\alpha_L=\alpha_\xi$，反向驱动时 $\alpha_L=\alpha_\eta$。

惯性力的影响使链条传动产生与转速反向的力矩，而作用力的方向并不是反向的，是链条的另一方向。

2.1.4.4 行星轮受力分析

行星轮受力分析如图 2.5 所示。设行星架对行星轮轴的作用力为 F_{Bx}、F_{By}，啮合点 Q 的受力与中间轮 F_{Qx}、F_{Qy} 大小相等、方向相反，土壤对喷肥针作用力为 F，列平衡方程得

$$\sum F_x = F_{Bx} - F_{Qx} + F\cos(-\alpha) - m_4[\ddot{x}_B - \ddot{\varphi}_4(y_4 - y_B) \\ - (\dot{\varphi}_4 + \dot{\varphi})^2(x_4 - x_B)] = 0 \tag{2.31}$$

$$\sum F_y = F_{By} - F_{Qy} + F\sin(-\alpha) - m_4[\ddot{y}_B - \ddot{\varphi}_4(x_4 - x_B) \\ - (\dot{\varphi}_4 + \dot{\varphi})^2(y_4 - y_B)] = 0 \tag{2.32}$$

$$\sum M_B = M_Q + M_{\omega t} - W_4(x_4 - x_B) + F\kappa - J_{4B}\ddot{\varphi}_4 \\ - m_4[\ddot{y}_B(x_4 - x_B) - \ddot{x}_B(y_4 - y_B)] = 0 \tag{2.33}$$

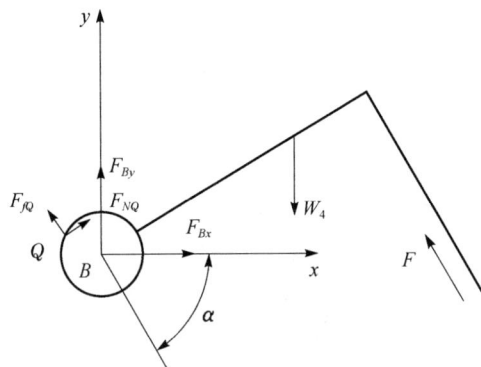

图 2.5 行星轮受力分析

其中，

$$M_P = \frac{F_{NP}R\cos\left(\varphi_f - \frac{\pi}{9}\right)}{\cos\varphi_f} \tag{2.34}$$

$$M_Q = \frac{F_{NQ}R\cos\left(\varphi_f - \frac{\pi}{9}\right)}{\cos\varphi_f} \qquad (2.35)$$

式中，κ——F 到行星轮轴回转中心的垂直距离，mm；

J_{4B}——行星轮转动惯量，$kg \cdot m^2$；

m_4——行星轮的质量，kg；

W_4——摇臂的重力，N；

φ_f——齿轮摩擦角，°。

2.1.4.5 扎穴机构运动学和动力学方程求解

根据式（2.1）~式（2.21）求解运动学各参数，求解步骤如图 2.6 所示。

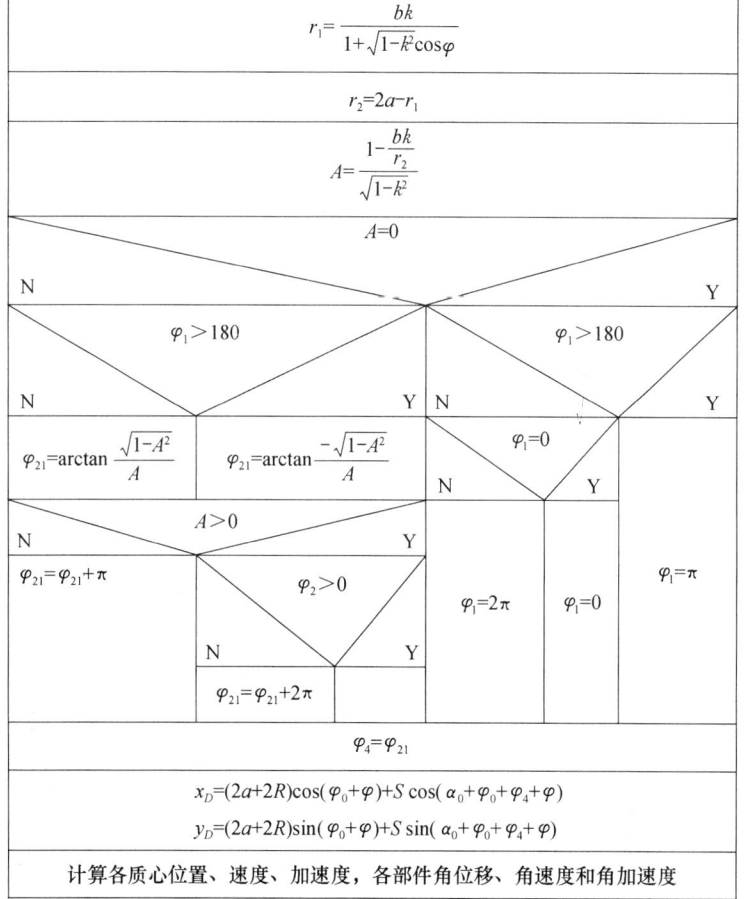

图 2.6　扎穴机构运动学分析图

将式（2.22）~式（2.33）结合在一起，组成一个方程组，由式（2.34）直接求出 M_Q，再由式（2.34）和式（2.35）求出 F_{NQ}，则 F_{Qx}、F_{Qy} 可求，然后逐一求出其他未知力，求解步骤如图 2.7 所示。

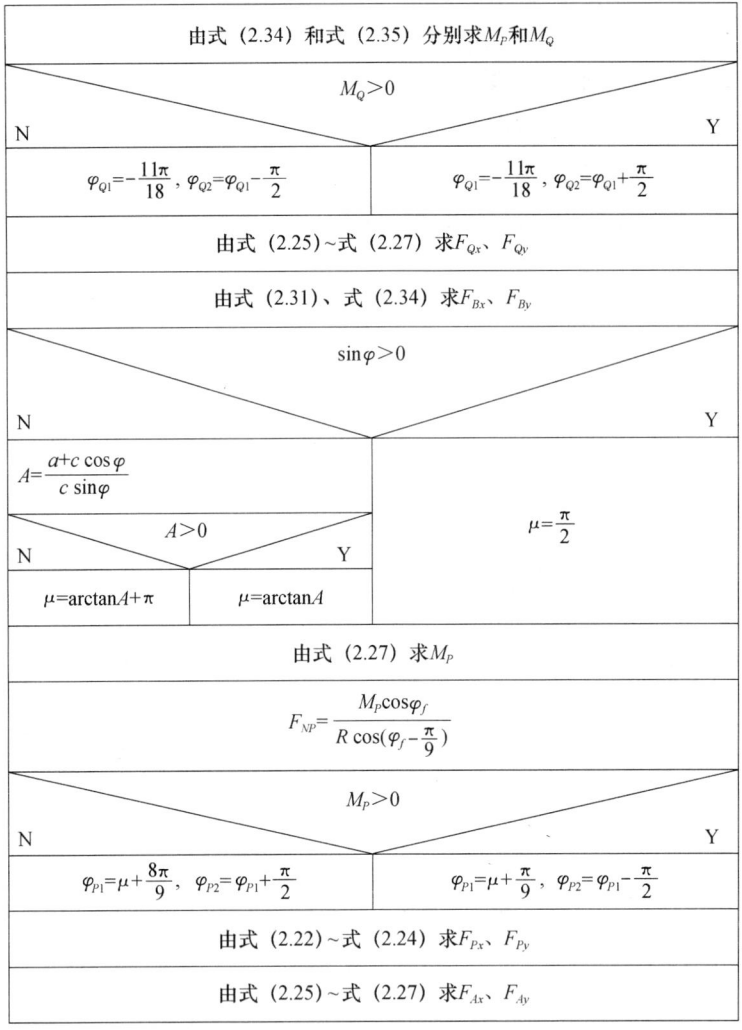

图 2.7　扎穴机构动力学分析图

2.2　分配器的运动学分析

液态施肥机分配器装配在液泵和喷肥针之间，是液态肥喷施的开关，可以实现喷肥针入土时喷施液态肥，离土时停止喷施液态肥。分配器是液态施肥机重要的工作部件，其性能决定施肥效果、工作可靠性和施肥量的均匀性。实现喷肥针入土时喷施液态肥，离土时停止喷施液态肥的方式很多，如电控和液控，但电控和液控存在局限性。因此，分配器在设计过程中采用机械传动。凸轮机构的构件数较少，只要合理地设计凸轮轮廓曲线就可以使从动件获得各种预期的运动规律，所以本节将凸轮机构应用到液态施肥领域，设计出一种结构紧凑、运动平稳的分配器，从而保证液态施肥机在喷肥过程中时间上的准确配合。

2.2.1 凸轮机构基本尺寸设计

2.2.1.1 压力角计算

凸轮机构压力角是高副接触点的正压力方向与从动件上力作用点沿线速度方向所夹的锐角，用 α 表示。压力角大小是衡量凸轮机构工作性能优劣的重要参数之一。当压力角达到一定数值时，机构发生自锁。虽然有时机构不自锁，但是过大的压力角会导致摩擦损耗增大，传动效率降低，加剧零件磨损。为使凸轮机构在良好的受力状态下运转，必须对最大压力角加以限制。

滚子直动从动件平面凸轮机构有两种情况，如图 2.8 所示。滚子半径

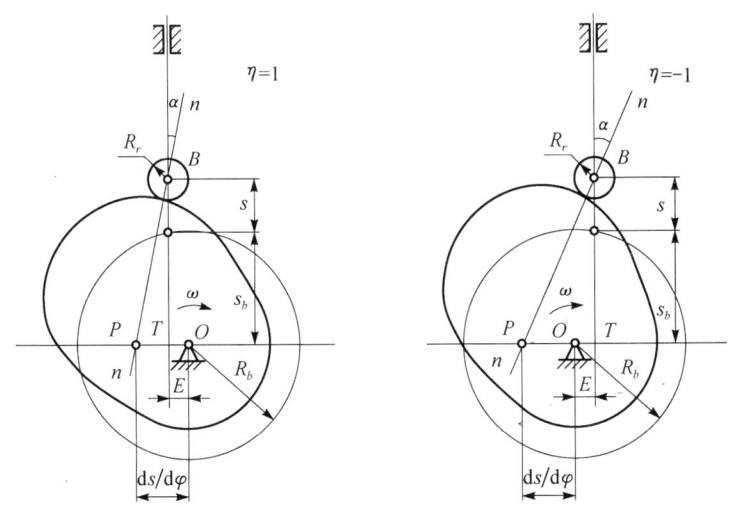

图 2.8　滚子直动从动件凸轮机构的压力角计算

中心运动迹线偏置于凸轮回转中心左方，称为左偏置；滚子半径中心运动迹线偏置于凸轮回转中心右方，称为右偏置。为了统一计算公式，对偏距 E 添加符号系数 η，左偏置时 $\eta=1$，右偏置时 $\eta=-1$。

P 点为凸轮与从动件的速度瞬心，则有

$$\frac{\mathrm{d}s}{\mathrm{d}t} = \frac{\mathrm{d}\varphi}{\mathrm{d}t} = L_{OP} \tag{2.36}$$

$$L_{OP} = \frac{\mathrm{d}s}{\mathrm{d}\varphi} \tag{2.37}$$

其中，$\frac{\mathrm{d}s}{\mathrm{d}\varphi}$ 为从动件类速度，由运动规律方程计算确定。由图 2.8 可得凸轮压力角计算公式

$$\alpha = \arctan\left[\frac{\frac{\mathrm{d}s}{\mathrm{d}\varphi} - \eta E}{s_b + s}\right], \quad \alpha \in \left[-\frac{\pi}{2}, \frac{\pi}{2}\right] \tag{2.38}$$

$$s_b = \sqrt{R_b^2 - E^2} \tag{2.39}$$

由式（2.38）求得的压力角值保留正负号。从压力线（法线）方向至从动件速度方向角度为锐角时，逆时针为正值，顺时针为负值。

2.2.1.2 解析法设计

当凸轮基圆半径和机构的偏距预先设定时，可用式（2.38）和式（2.39）检验机构的压力角在推程过程是否满足 $|\alpha| \leqslant [\alpha]$，回程过程是否满足 $|\alpha| \leqslant [\alpha']$，其中，$[\alpha]$、$[\alpha']$ 分别为推程过程和回程过程的许用压力角。若不满足，则必须修改基圆半径 R_b 和偏距 E，修改目标是使凸轮回转中心 O 点位于许用区域内，如图 2.9 所示。

对于滚子直动从动件平面凸轮机构，满足许用压力角条件的凸轮回转中心位置是由三条界限 D_0d_0、D_1d_1 和 D_2d_2 所限定的区域，边界线的交点 O_1、O_2 称为特征点。用复数矢量表达边界线 D_0d_0、D_1d_1 和 D_2d_2 分别是 $L_{D_0d_0}\mathrm{e}^{\mathrm{j}(\frac{\pi}{2}+[\alpha])}$、$L_{D_1d_1}\mathrm{e}^{\mathrm{j}(\frac{\pi}{2}-[\alpha])}$ 和 $L_{D_2d_2}\mathrm{e}^{\mathrm{j}(\frac{\pi}{2}+[\alpha'])}$。

当 $[\alpha]<[\alpha']$ 时，矢量式中 L 为模，其下标表示矢量的始末两点。由于矢端 d_0、d_1 和 d_2 位于无限远，因此，三条界限矢量模为无穷大。

1. 基本尺寸计算

1）确定偏距条件下凸轮基圆半径大小

当偏距 ηE 确定时，凸轮回转中心必然位于偏置直线 ee 上。偏置直线

2 深施型液态施肥关键部件的理论分析

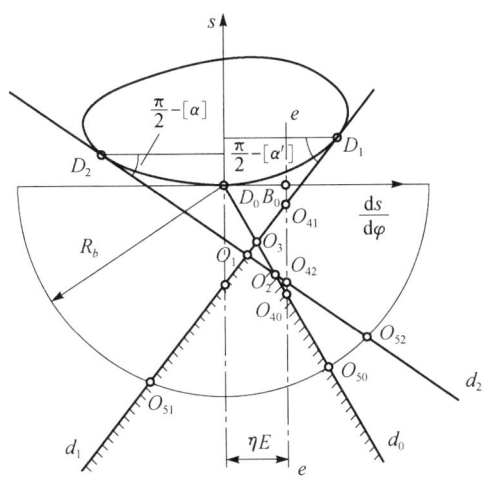

图 2.9 解析法确定凸轮轴心位置

ee 与阴影区边界的交点至 D_0 点的距离为最小基圆半径。由图 2.9 可知,偏置线与三条界限有三个交点 O_{40}、O_{41} 和 O_{42},位于阴影区边界的交点只是其中一点,求出 O_{40}、O_{41} 和 O_{42} 点坐标。比较 O_{40}、O_{41} 和 O_{42} 的复数矢量模长 $L_{D_0O_{40}}$、$L_{D_0O_{41}}$ 和 $L_{D_0O_{42}}$,其中最大者为阴影区的交点,从而可以得出确定偏距条件下凸轮最小基圆半径 $R_{b\min}=(L_{D_0O_{40}},L_{D_0O_{41}},L_{D_0O_{42}})_{\max}$。

2) 确定凸轮基圆半径条件下的偏距范围

当基圆半径 R_b 满足 $R_b \geqslant R_{b\min}$ 时,偏距的范围是由以基圆半径所作的圆弧与阴影区边界线的交点所确定的。该圆弧与三条边界线有三个交点,即 O_{50}、O_{51} 和 O_{52}。须求出 O_{50}、O_{51} 和 O_{52} 点坐标,经判别确定位于阴影区边界的交点,求出偏距允许的范围。

2. 特征点坐标的计算

1) O_1 点坐标计算

界限 D_1d_1 和 D_2d_2 与曲线 $\dfrac{ds}{d\varphi}(s)$ 相切,切点分别为 D_1 和 D_2。O_1 点是界限 D_1d_1 和 D_2d_2 的交点,建立矢量方程

$$\begin{aligned}L_{D_0O_1}e^{j\theta_{O_1}} &= s_1 e^{j\frac{\pi}{2}} + \left(\frac{ds}{d\varphi}\right)_1 e^{jO} + L_{D_1O_1}e^{j(\frac{3}{2}\pi-[\alpha])} \\ &= s_2 e^{j\frac{\pi}{2}} + \left(\frac{ds}{d\varphi}\right)_2 e^{jO} + L_{D_2O_1}e^{j(\frac{3}{2}\pi+[\alpha'])}\end{aligned} \quad (2.40)$$

式中，s_1——推程期中与切点 D_1 对应机构位置上从动件位移，mm；

$\left(\dfrac{\mathrm{d}s}{\mathrm{d}\varphi}\right)_1$——推程期中与切点 D_1 对应机构位置上从动件类速度；

s_2——推程期中与切点 D_2 对应机构位置上从动件位移，mm；

$\left(\dfrac{\mathrm{d}s}{\mathrm{d}\varphi}\right)_2$——推程期中与切点 D_2 对应机构位置上从动件类速度。

界限 D_1d_1 和 D_2d_2 的斜率分别为

$$\left[\frac{\mathrm{d}s}{\mathrm{d}\left(\frac{\mathrm{d}s}{\mathrm{d}\varphi}\right)}\right]_1 = \tan\left(\frac{3}{2}\pi - [\alpha]\right) \tag{2.41}$$

$$\left[\frac{\mathrm{d}s}{\mathrm{d}\left(\frac{\mathrm{d}s}{\mathrm{d}\varphi}\right)}\right]_2 = \tan\left(\frac{3}{2}\pi - [\alpha']\right) \tag{2.42}$$

因此，

$$\left(\frac{\mathrm{d}s}{\mathrm{d}\varphi}\right)_1 = \left(\frac{\mathrm{d}^2 s}{\mathrm{d}\varphi^2}\right)_1 \tan\left(\frac{3}{2}\pi - [\alpha]\right) \tag{2.43}$$

$$\left(\frac{\mathrm{d}s}{\mathrm{d}\varphi}\right)_2 = \left(\frac{\mathrm{d}^2 s}{\mathrm{d}\varphi^2}\right)_2 \tan\left(\frac{3}{2}\pi + [\alpha']\right) \tag{2.44}$$

以式（2.43）和式（2.44）为逼近条件进行一维搜索，对所选用的从动件运动规律方程式进行计算，可求得与切点 D_1 和 D_2 对应的凸轮运动角 φ_1 和 φ_2 以及从动件位移 s_1 和 s_2，类速度 $\left(\dfrac{\mathrm{d}s}{\mathrm{d}\varphi}\right)_1$ 和 $\left(\dfrac{\mathrm{d}s}{\mathrm{d}\varphi}\right)_2$，令 $L\mathrm{e}^{\mathrm{j}O} = (s_1 - s_2)\mathrm{e}^{\mathrm{j}\frac{\pi}{2}} + \left[\left(\dfrac{\mathrm{d}s}{\mathrm{d}\varphi}\right)_1 - \left(\dfrac{\mathrm{d}s}{\mathrm{d}\varphi}\right)_2\right]\mathrm{e}^{\mathrm{j}O}$，得

$$\begin{cases} \theta = \arctan\left[\dfrac{s_1 - s_2}{\left(\dfrac{\mathrm{d}s}{\mathrm{d}\varphi}\right)_1 - \left(\dfrac{\mathrm{d}s}{\mathrm{d}\varphi}\right)_2}\right] \\ (s_1 - s_2)\sin\theta + \left[\left(\dfrac{\mathrm{d}s}{\mathrm{d}\varphi}\right)_1 - \left(\dfrac{\mathrm{d}s}{\mathrm{d}\varphi}\right)_2\right]\cos\theta \end{cases} \tag{2.45}$$

将式（2.45）代入方程（2.40）得

$$L_{D_2O_1}\mathrm{e}^{\mathrm{j}(\frac{3}{2}\pi + [\alpha'])} = L_{D_1O_1}\mathrm{e}^{\mathrm{j}(\frac{3}{2}\pi - [\alpha])} + L\mathrm{e}^{\mathrm{j}O} \tag{2.46}$$

解得

$$L_{D_1O_1} = \frac{L\cos(\theta - [\alpha'])}{\sin([\alpha] + [\alpha'])} \tag{2.47}$$

$$L_{D_2O_1} = \frac{L\cos(\theta+[\alpha])}{\sin([\alpha]+[\alpha'])} \tag{2.48}$$

将 $L_{D_1O_1}$（或 $L_{D_2O_1}$）代入方程（2.40）求得特征点 O_1 极坐标为

$$\begin{cases} \theta_{O_1} = \arctan\left[\dfrac{s_1 - L_{D_1O_1}\cos[\alpha]}{\left(\dfrac{\mathrm{d}s}{\mathrm{d}\varphi}\right)_1 - L_{D_1O_1}\sin[\alpha]}\right] & \theta_{O_1} \in [0, 2\pi] \\ L_{D_0O_1} = s_1\sin\theta_{O_1} + \left(\dfrac{\mathrm{d}s}{\mathrm{d}\varphi}\right)_1\cos\theta_{O_1} - L_{D_1O_1}\sin(\theta_{O_1}+[\alpha]) \end{cases}$$

(2.49)

2) O_2 点坐标计算

O_2 点是界限 D_0d_0 和 D_2d_2 的交点，建立矢量方程

$$L_{D_0O_2}\mathrm{e}^{\mathrm{j}(\frac{3}{2}\pi+[\alpha])} = s_2\mathrm{e}^{\mathrm{j}\frac{\pi}{2}} + \left(\frac{\mathrm{d}s}{\mathrm{d}\varphi}\right)_2\mathrm{e}^{\mathrm{j}O} + L_{D_2O_2}\mathrm{e}^{\mathrm{j}(\frac{3}{2}\pi+[\alpha'])} \tag{2.50}$$

令 $L_{D_0D_2}\mathrm{e}^{\mathrm{j}\theta_{D_2}} = s_2\mathrm{e}^{\mathrm{j}\frac{\pi}{2}} + \left(\dfrac{\mathrm{d}s}{\mathrm{d}\varphi}\right)_2\mathrm{e}^{\mathrm{j}O}$，得

$$\begin{cases} \theta_{D_2} = \arctan\dfrac{s_2}{\left(\dfrac{\mathrm{d}s}{\mathrm{d}\varphi}\right)_2} & \theta_{D_2} \in [0, \pi] \\ L_{D_0D_2} = s_2\sin\theta_{D_2} + \left(\dfrac{\mathrm{d}s}{\mathrm{d}\varphi}\right)_2\cos\theta_{D_2} \end{cases}$$

(2.51)

将式（2.51）代入方程（2.50）得

$$L_{D_0O_2} = \frac{L_{D_0D_2}\cos(\theta_{D_2}-[\alpha'])}{\sin([\alpha]-[\alpha'])} \tag{2.52}$$

若 $[\alpha]=[\alpha']$，则特征点 O_2 位于无穷远。

3) O_3 点坐标计算

O_3 点是界限 D_0d_0 和 D_1d_1 的交点，由式（2.49）求得 θ_{O_1} 满足条件 $\theta_{O_1} \leqslant \dfrac{3}{2}\pi+[\alpha]$ 时，O_3 点位于许用区域外或者与 O_1 点重合，可不必计算该点坐标。若 $\theta_{O_1} > \dfrac{3}{2}\pi+[\alpha]$，则 O_1、O_2 两点均位于许用区域外，O_3 点成为唯一的特征点。建立 O_3 点矢量方程

$$L_{D_0O_3}\mathrm{e}^{\mathrm{j}(\frac{3}{2}\pi+[\alpha])} = s_1\mathrm{e}^{\mathrm{j}\frac{\pi}{2}} + \left(\frac{\mathrm{d}s}{\mathrm{d}\varphi}\right)_1\mathrm{e}^{\mathrm{j}O} + L_{D_1O_3}\mathrm{e}^{\mathrm{j}(\frac{3}{2}\pi-[\alpha])} \tag{2.53}$$

解得

$$L_{D_0O_3} = \frac{L_{D_0D_1}\cos(\theta_{D_1} - [\alpha])}{\sin2[\alpha]} \quad (2.54)$$

其中，

$$\theta_{D_1} = \arctan\frac{s_1}{\left(\dfrac{ds}{d\varphi}\right)_1}, \quad \theta_{D_1} \in [0,\pi]$$

$$L_{D_0D_1} = s_1\sin\theta_{D_1} + \left(\frac{ds}{d\varphi}\right)_1\cos\theta_{D_1}$$

4) O_{40} 点坐标计算

O_{40} 点是偏置直线 ee 与边界线 D_0d_0 的交点，建立矢量方程

$$L_{D_0O_{40}}e^{j(\frac{3}{2}\pi+[\alpha])} = \eta E e^{jO} + L_{D_0O_{40}}e^{j\frac{3}{2}\pi} \quad (2.55)$$

解得

$$L_{D_0O_{40}} = \frac{\eta E}{\sin[\alpha]} \quad (2.56)$$

5) O_{41} 点坐标计算

O_{41} 点是偏置直线 ee 与边界线 D_0d_0 的交点，建立矢量方程

$$L_{D_0O_{41}}e^{j\theta_{O_1}} = \eta E e^{jO} + L_{D_0O_{41}}e^{j\frac{3}{2}\pi} = s_1 e^{j\frac{\pi}{2}} + \left(\frac{ds}{d\varphi}\right)_1 e^{jO} + L_{D_0O_{41}}e^{j(\frac{3}{2}\pi-[\alpha])} \quad (2.57)$$

令 $L_1 e^{j\theta_1} = s_1 e^{j\frac{\pi}{2}} + \left[\left(\dfrac{ds}{d\varphi}\right)_1 - \eta E\right]e^{jO}$，得

$$\begin{cases}\theta_1 = \arctan\dfrac{s_1}{\left(\dfrac{ds}{d\varphi}\right)_1 - \eta E} \quad \theta_1 \in [0,\pi] \\ L_1 = s_1\sin\theta_1 + \left[\left(\dfrac{ds}{d\varphi}\right)_1 - \eta E\right]\cos\theta_1\end{cases} \quad (2.58)$$

将式（2.58）代入方程（2.57）得

$$L_{D_0O_{40}} = \frac{L_1\cos(\theta_1 + [\alpha])}{\sin[\alpha]} \quad (2.59)$$

$$\begin{cases}\theta_{O_{41}} = \arctan\dfrac{-L_{D_0O_{41}}}{\eta E} \quad \theta_{O_{41}} \in [\pi,2\pi] \\ L_{D_0O_{40}} = \eta E\cos\theta_{O_{41}} - L_{B_0O_{41}}\sin\theta_{O_{41}}\end{cases} \quad (2.60)$$

2 深施型液态施肥关键部件的理论分析

6) O_{42}点坐标计算

O_{42}点是偏置直线 ee 与边界线 D_2d_2 的交点，建立矢量方程

$$L_{D_0O_{42}}e^{j\theta_{O_{42}}} = \eta E e^{jO} + L_{D_0O_{42}}e^{j\frac{3}{2}\pi} = s_2 e^{j\frac{\pi}{2}} + \left(\frac{ds}{d\varphi}\right)_2 e^{jO} + L_{D_2O_{42}}e^{j(\frac{3}{2}\pi+[\alpha'])} \tag{2.61}$$

令 $L_2 e^{j\theta_2} = s_2 e^{j\frac{\pi}{2}} + \left[\left(\frac{ds}{d\varphi}\right)_2 - \eta E\right]e^{jO}$，得

$$\begin{cases} \theta_2 = \arctan\dfrac{s_2}{\left(\dfrac{ds}{d\varphi}\right)_2 - \eta E} & \theta_2 \in [0,\pi] \\ L_2 = s_2 \sin\theta_2 + \left[\left(\dfrac{ds}{d\varphi}\right)_2 - \eta E\right]\cos\theta_2 \end{cases} \tag{2.62}$$

将式（2.62）代入方程（2.61）得

$$L_{D_2O_{42}} = \frac{-L_2\cos([\alpha']-\theta_2)}{\sin[\alpha']} \tag{2.63}$$

$$\begin{cases} \theta_{O_{42}} = \arctan\dfrac{-L_{D_2O_{42}}}{\eta E} & \theta_{O_{42}} \in [\pi,2\pi] \\ L_{D_0O_{42}} = \eta E\cos\theta_{O_{42}} - L_{D_2O_{42}}\sin\theta_{O_{42}} \end{cases} \tag{2.64}$$

7) O_{50}点的坐标

O_{50}点是基圆圆弧与边界线 D_0d_0 的交点，建立矢量方程

$$L_{D_0O_{50}}e^{j(\frac{3}{2}\pi+[\alpha])} = R_b e^{j(\frac{3}{2}\pi+[\alpha])} \tag{2.65}$$

由方程（2.61）得出相应偏距为

$$\eta E_0 = R_b \sin[\alpha] \tag{2.66}$$

8) O_{51}点的坐标

O_{51}点是基圆圆弧与边界线 D_1d_1 的交点，建立矢量方程

$$R_b e^{j\theta_{O_{51}}} = s_1 e^{j\frac{\pi}{2}} + \left(\frac{ds}{d\varphi}\right)_1 e^{jO} + L_{D_1O_{51}}e^{j(\frac{3}{2}\pi-[\alpha])} \tag{2.67}$$

令 $L_{D_0O_1}e^{j\theta_{O_1}} = s_1 e^{j\frac{\pi}{2}} + \left(\frac{ds}{d\varphi}\right)_1 e^{jO}$，代入方程（2.67）得

$$\theta_{O_{51}} = \frac{3}{2}\pi - [\alpha] + \arctan\frac{L_{D_0D_1}\cos(\theta_{D_1}+[\alpha])}{R_b}, \quad \theta_{O_{51}} \in [\pi,2\pi] \tag{2.68}$$

9) O_{52}点的坐标

O_{52}点是基圆圆弧与边界线 D_2d_2 的交点，建立矢量方程

$$R_b \mathrm{e}^{\mathrm{j}\theta_{O_a}} = s_2 \mathrm{e}^{\mathrm{j}\frac{\pi}{2}} + \left(\frac{\mathrm{d}s}{\mathrm{d}\varphi}\right)_2 \mathrm{e}^{\mathrm{j}O} + L_{D_2 O_{52}} \mathrm{e}^{\mathrm{j}(\frac{3}{2}\pi + [\alpha'])} \qquad (2.69)$$

由方程（2.69）解得

$$\theta_{O_{52}} = \left(\frac{3}{2}\pi + [\alpha']\right) + \arctan\frac{-L_{D_0 D_2}\cos(\theta_{D_2} - [\alpha'])}{R_b}, \quad \theta_{O_{52}} \in [\pi, 2\pi] \qquad (2.70)$$

由式（2.70）得出相应偏距为

$$\eta E_2 = R_b \cos\theta_{O_{52}} \qquad (2.71)$$

比较所求得的 ηE_0、ηE_1 和 ηE_2，舍去符号系数 η 相同的两值中的绝对值较大者，即得出允许的偏距范围。

2.2.2 分配器的结构及工作原理

分配器结构如图 2.10 所示。在壳体 1 上依次装配供液管 13、连接架 5

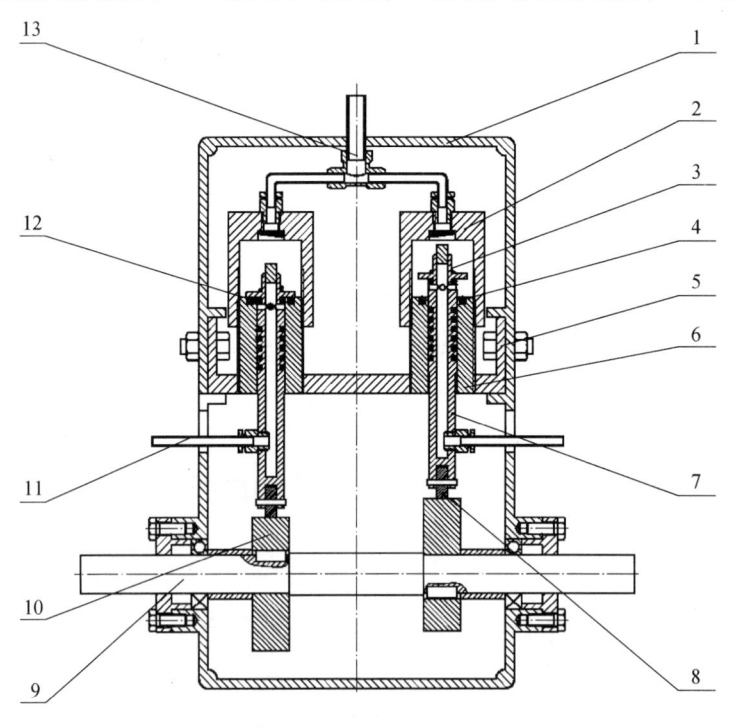

图 2.10 分配器结构图

1. 壳体；2. 阀座；3. 压力弹簧；4. "O" 型密封圈；5. 连接架；6. 阀套；7. 阀芯；
8. 滚子；9. 转轴；10. 凸轮；11. 出液管；12. 液态肥输出孔；13. 供液管

和转轴 9，阀座 2 与阀套 6 通过螺纹连接成一体，且整体安装在连接架上。设有液态肥输出孔 12 的阀芯 7 可滑动地配置在阀套的中心孔内，在阀芯与阀套之间装配"O"型密封圈 4，液态肥输出孔分别与供液管和出液管 11 相对连通，压力弹簧 3 套装在阀芯上，位于阀座中心孔内；滚子 8 安装在阀芯底面端部上，在转轴 9 上固装凸轮 10，凸轮与滚子接触配合。

作业时，将液态肥压力输入装置与供液管连通，出液管与喷肥针连通，转轴与动力驱动系统连接。转轴的旋转运动经凸轮与压力弹簧的配合驱动阀芯在阀套中心孔内连续进行往复直线运动，使阀芯上的液态肥输出孔连续反复地将供液管与出液管接通或阻断，完成液态肥的喷施作业。

2.2.3 分配器凸轮轮廓设计

为满足喷肥针入土时间和离土时间比 1∶4，设计分配器凸轮轮廓曲线中推程运动角、远休止角和回程运动角之和与近休止角比为 1∶4。由于推程运动角、远休止角和回程运动角角度小，图解法无法满足设计精度的要求。因此，应用解析法建立分配器凸轮轮廓曲线数学模型，为计算机编程求解分配器的结构参数和运动学特性提供理论基础，凸轮轮廓设计如图 2.11 所示。

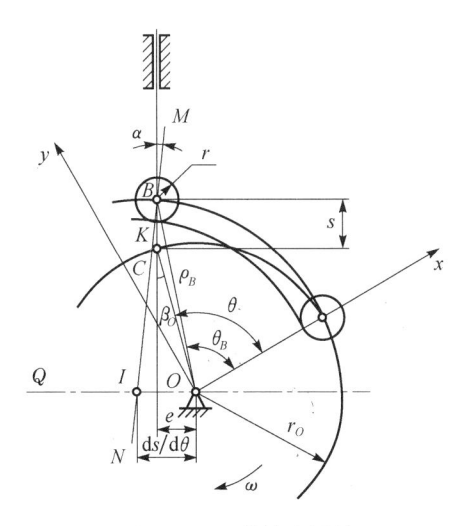

图 2.11 凸轮轮廓设计

如图 2.11 所示，凸轮绕凸轮中心 O 逆时针转过 θ 角，从动件沿直线上升 s，压力角为 α。公法线 MN 与中心线 OQ 相交过点 I，I 是凸轮和从动

件之间的瞬心位置。设 $OI=X$，则

$$X = \frac{V}{\omega} = \frac{\mathrm{d}s/\mathrm{d}t}{\mathrm{d}\theta/\mathrm{d}t} = \frac{\mathrm{d}s}{\mathrm{d}\theta} \tag{2.72}$$

式中，X——从动件的类速度；

V——从动件的速度，m/s；

ω——角速度，r/s；

s——凸轮回转角度 θ 时从动件的位移，mm；

θ——凸轮转过的角度，°；

t——时间，s。

设凸轮理论轮廓线的基圆半径为 r_O，偏距为 e，从动件的滚子半径为 r。当凸轮回转角为 θ 时，由矢量三角形 OCB 得出凸轮理论轮廓线上 B 点的极坐标为

$$\begin{cases} \theta_B = \arctan\left[\dfrac{r_O\sin\theta + s\sin(\theta-\beta_O)}{r_O\cos\theta + s\cos(\theta-\beta_O)}\right] \\ \rho_B = r_O\cos(\theta-\theta_B) + s\cos(\theta-\beta_O-\theta_B) \end{cases} \tag{2.73}$$

其中，$\beta_O = \arcsin\left(\dfrac{e}{r_O}\right)$，$\beta_O \in \left[-\dfrac{\pi}{2}, \dfrac{\pi}{2}\right]$。

凸轮实际轮廓线上对应点 K 的极坐标由矢量三角形 OBK 确定，即

$$\rho_K \mathrm{e}^{\mathrm{j}\theta_B} = \rho_B \mathrm{e}^{\mathrm{j}\theta_B} + r\mathrm{e}^{\mathrm{j}(\theta-\beta_O-\alpha)}$$

因此，凸轮实际轮廓线上 K 点极坐标

$$\begin{cases} \theta_K = \arctan\left[\dfrac{\rho_B\sin\theta_B - r\sin(\theta-\beta_O-\alpha)}{\rho_B\cos\theta_B - r\cos(\theta-\beta_O-\alpha)}\right] \\ \rho_K = \rho_B\cos(\theta_B-\theta_K) - r\cos(\theta-\beta_O-\theta_K-\alpha) \end{cases} \tag{2.74}$$

K 点的直角坐标

$$\begin{cases} x_K = \rho_K\cos\theta_K \\ y_K = \rho_K\sin\theta_K \end{cases} \tag{2.75}$$

2.3 喷肥针的理论分析

液态施肥机喷肥部件的结构设计存在缺陷使液态肥的应用和推广受到

制约，因而现实生产中还没有一种理想且可靠的深施液态肥的喷头。针对液态肥深施作业的需要，设计一种深施型液态施肥机喷肥针，达到液态肥深施作业可靠、施肥质量好、施肥损失率低的目的。喷肥针装配在扎穴机构的摇臂上，在喷肥针末端与高压液态肥管连接，既可以随扎穴机构运动，又可以将液态肥喷施在作物根系附近的土壤层中，其性能的好坏对施肥效果有重要影响。喷肥针采用压力控制阀的开闭原理进行设计，并设有防漏滴装置，可以解决分配器因开闭频繁形成的难以瞬间截止和脉动喷施的难题，保证穴施肥的有效性，避免浪费。

本节介绍深施型液态施肥机喷肥针的结构和工作原理，以流体力学为基础，对液态肥在喷肥针中的流动进行理论分析；研究液态肥在管路中的流动状态、速度分布、起始流量、压力计算、能量损失和功率计算等问题。

2.3.1 喷肥针结构及工作原理

喷肥针结构如图 2.12 所示。在针头 1 与针杆 7 之间配装阀座 6，将针头与针杆连成一体，且针头和针杆分别位于阀座下腔室 11 和阀座上腔室 9 一侧，针杆的中心孔 8 与上腔室接通；在上腔室与下腔室之间设有连通孔 10；在下腔室内从右至左依次配装阀芯 5、压力弹簧 3 和调压螺母 2，其阀芯的上部圆锥体面与连通孔接触密闭配合，调压螺母由其外螺纹扣与阀座内螺纹扣装配安装在阀座的下腔室内，压力弹簧的上、下端面分别与阀芯和调压螺母端面接触；在阀座侧壁上设有液肥喷孔 4，该液肥喷孔的里、外端分别与阀座的下腔室和外部大气相通。

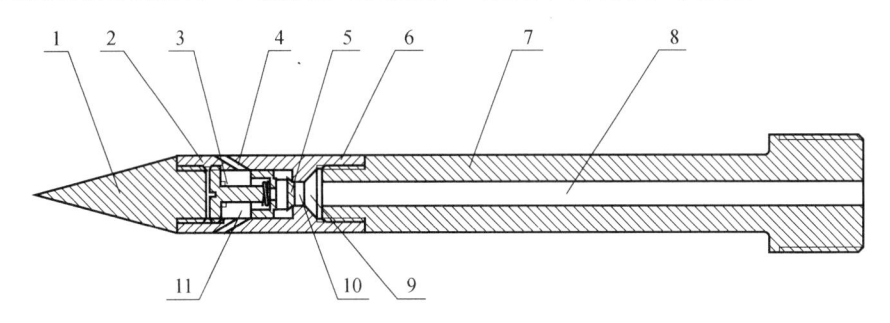

图 2.12 喷肥针结构示意图
1. 针头；2. 调压螺母；3. 压力弹簧；4. 液肥喷孔；5. 阀芯；6. 阀座；7. 针杆；8. 中心孔；9. 上腔室；10. 连通孔；11. 下腔室

使用时，将喷肥针装配在液态施肥机摇臂上，使针杆的中心孔与分配器出液管相连通。作业时，针头、阀座和针杆插入土壤中，位于作物根系侧部，具有适当压力的液态肥从分配器出液管输送到针杆的中心孔内，并进入阀座上腔室内，高压液态肥经连通孔和阀芯压缩压力弹簧，使阀芯脱离与连通孔的密封接触，高压液态肥通过阀芯的横孔进入阀座的下腔室内，从液肥喷孔喷出进入土壤内，喷施在作物根系附近；当停止向中心孔供给具有压力的液态肥时，在压力弹簧作用下阀芯上移将连通孔封闭，停止喷施液态肥，此时针头、阀座和针杆从土壤中拔出，完成一次液态肥喷施作业，如此重复。旋转调整调压螺母在下腔室内的上下位置，改变压力弹簧对阀芯的挤压力，可实现施肥压力大小的调节。

2.3.2 液态肥在喷肥针喷口处的出流特性

喷肥针喷施液态肥的过程是一个孔口出流过程。建立如图 2.13 所示的坐标系，P 为液态肥对土壤的压力，v 为液态肥的出流速度，P_c 为断面 $c\text{-}c$ 处的压力，q_v 为喷口处的流量。应用射流理论得出压力 P_c 与喷肥针上腔室内压力 P_1 关系及液态肥对土壤的作用力 P 的大小。

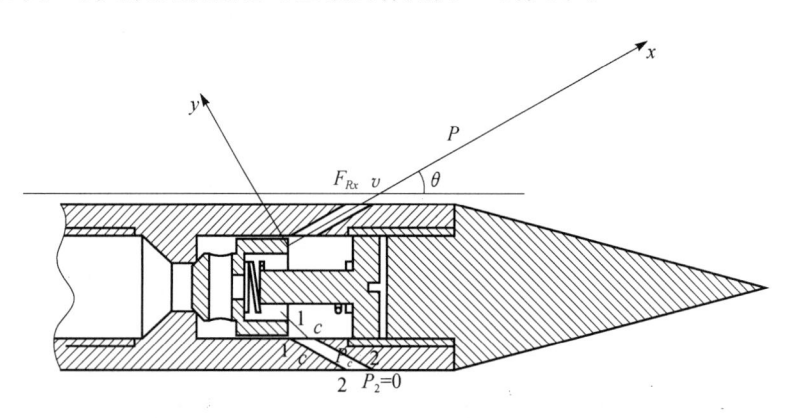

图 2.13 射流冲击图

液态肥在压强差 $\Delta P = P_1 - P_2$ 的作用下经过孔口出流时，由于流线不能突然折转，液态肥从孔口流出后形成一个流束直径最小的收缩断面 $c\text{-}c$，收缩断面的流束面积为 A_c。如图 2.13 所示，列出 1-1、2-2 断面上的伯努利方程，令 $\alpha = 1$，则

$$\frac{P_1}{\rho g} + \frac{v_1^2}{2g} = \frac{v^2}{2g} + \sum \zeta \frac{v^2}{2g} \tag{2.76}$$

式中，v_1——断面 1-1 处液态肥的流速，m/s；

$\sum \zeta$——孔口的总阻力系数（$\sum \zeta = \zeta_1 + \zeta_2 + \zeta_e$）；

ζ_1——入口阻力系数；

ζ_2——出口阻力系数；

ζ_e——后半段上沿程当量阻力系数。

由于喷口处断面 2-2 面积 A_2 远远小于 1-1 断面面积 A_1，且喷口处断面 2-2 处压力为零，将 $\Delta P = P_1 - P_2 = P_1$ 代入式（2.76）得出喷肥针口处液态肥流速

$$v = \frac{1}{\sqrt{1+\sum \zeta}} \sqrt{2gh} = \frac{q_v}{C_q A_2 \sqrt{1+\sum \zeta}} \qquad (2.77)$$

式中，C_q——流量系数，$C_q = 0.82$。

列出断面 1-1、c-c 处伯努利方程式，令 $\alpha \approx 1$，得

$$\frac{P_1}{\rho g} + \frac{v_1^2}{2g} = \frac{P_c}{\rho g} + \frac{v_c^2}{2g} + \zeta \frac{v_c^2}{2g} \qquad (2.78)$$

式中，v_c——断面 c-c 处液态肥的流速，m/s；

ζ——入口阻力系数，$\zeta = 0.06$。

因为喷口处断面 2-2 面积 A_2 远远小于断面 1-1 面积 A_1，所以 $v_1 \approx 0$，得

$$P_c = P_1 - (1+\zeta) \frac{\rho v_c^2}{2} \qquad (2.79)$$

令 $v_c = \frac{q_v}{A_c} = \frac{C_q}{C_c} \sqrt{\frac{2p_1}{\rho}}$，代入式（2.79）得

$$P_c = P_1 - (1+\zeta) \frac{\rho}{2} \left(\frac{C_q}{C_c}\right)^2 \frac{2P_1}{\rho} = P_1 \left[1 - (1+\zeta)\left(\frac{C_q}{C_c}\right)^2\right] \qquad (2.80)$$

式中，C_c——内收缩系数，$C_c = 0.64$。

将厚壁孔口流量系数，入口阻力系数，内收缩系数代入式（2.80），得

$$P_c = P_1 \left[1 - (1+0.06)\left(\frac{0.82}{0.64}\right)^2\right] = -0.74 P_1 \qquad (2.81)$$

因为 $P_1 > 0$，所以 $P_c < 0$，断面 c-c 上的压强比大气压小而存在真空度，真空度具有向外抽吸液态肥的作用。

如图 2.13 所示，液态肥从喷肥针孔处喷出属于自由射流过程。假定自由射流在同一水平面上，且周围均为大气压，根据伯努利方程可知射流速

度大小保持恒定。假定动量修正系数 $\beta=1$，用欧拉方程表示动量方程式，可得曲面作用在流体上的力为

$$F_x = \rho\left[2\frac{q_v}{2}v\cos\theta - q_v\right] = \rho q_v v(\cos\theta - 1) \qquad (2.82)$$

式中，θ——喷肥针孔与喷肥针轴线的夹角，°。

液态肥对土壤的冲击力为

$$F_{Rx} = -F_x = \rho q_v v(1 - \cos\theta) \qquad (2.83)$$

作用在土壤上的压力为

$$P = \frac{F_{Rx}}{A} = \frac{\rho q_v v(1 - \cos\theta)}{A} \qquad (2.84)$$

式中，A——液态肥作用在土壤上的面积。

2.3.3 液态肥在管路中的流动状态及速度分布

流体中，雷诺数是十分重要的参数，代表惯性力和黏性力之比，主要描述流体在管路中的流动状态。液态肥的流动状态影响施肥性能，因此，通过计算雷诺数的大小来判断液态肥在管路中的流动状态是否为湍流。

根据卡门实验和尼古拉兹实验，得出湍流的核心速度

$$v_x = \sqrt{\frac{\tau_o}{\rho}} \cdot \frac{1}{k} \cdot \ln y + C \qquad (2.85)$$

式中，v_x——湍流核心速度，m/s；

C——积分常数，$C = \frac{\tau_o}{\mu} \cdot \delta - \sqrt{\frac{\tau_o}{\rho}} \cdot \frac{1}{k} \cdot \ln\delta$；

τ_o——管壁面上的切应力，$\tau_o = \frac{\lambda}{8} \cdot \rho v^2$，Pa；

y——速度梯度；

k——混合长度系数；

δ——黏性底层厚度，mm；

λ——沿程阻力系数。

式（2.85）说明湍流核心速度 v_x 与 y 成对数关系，这种 $v_x = v_x(y)$ 的关系称为湍流速度的对数分布规律，特点是速度比较均匀，速度梯度比较小。

2.3.4 管路中的阻力和功率损失

管路的功能是输送流体，为了满足液态肥输送中可能遇到的转向、调节、过滤等需要，在管路中必需装配各种管路附件，如过滤器、分配器、节流阀、接头、喷肥针等。经过这些装置时，液态肥运动受到扰乱，产生压强损失，这种压强损失就是由局部阻力所引起的。

根据水头损失的叠加原则，得出管路中总水头损失公式

$$h_f = \left(\zeta_e + \sum \zeta\right) \cdot \frac{v^2}{2g} = \xi \cdot \frac{v^2}{2g} \tag{2.86}$$

式中，h_f——总水头损失，m；

ζ_e——沿程阻力的当量局部阻力系数；

$\sum \zeta$——各种不同的管路附件局部阻力系数和；

ξ——管路总阻力系数。

通过查液压附件的局部阻力系数表，能够得出不同管路附件的局部阻力系数。根据式（2.86）可以得出阻力系数和水头的关系，为功率损失计算奠定基础。功率损失为

$$p = \rho g q_v h_f \tag{2.87}$$

式中，p——功率损失，W。

3 扎穴机构和分配器的优化设计

扎穴机构和分配器是深施型液态施肥机的重要部件，其结构设计的合理性决定施肥机的施肥效率和质量。影响扎穴机构和分配器结构的变量非常多，全部应用试验的方法来获得各变量与目标和约束之间的关系所需工作量大、成本高。例如，椭圆齿轮短轴与长轴之比、椭圆齿轮圆盘直径、行星架初始安装角、椭圆齿轮模数和齿数等变量对扎穴机构运动轨迹影响都很大，如果应用试验方法来获得各因子与扎穴机构运动轨迹的关系，至少需要加工43套不同的扎穴机构。为获得各因子与扎穴机构运动轨迹的关系，必须采用方便、直观和快捷的手段和方法。因此，采用计算机辅助设计与分析的方法来优化求解椭圆齿轮短轴与长轴之比、椭圆齿轮圆盘直径、行星架初始安装角、椭圆齿轮模数和齿数等变量与扎穴机构运动轨迹之间的关系。在计算机求解过程中，由于事件的触发时间是固定的，不同作业速度对目标的影响关系即使应用计算机求解也无法达到理想效果，所以作业速度等变量对目标的影响关系需要在后续试验中完成。

深施型液态施肥机扎穴机构优化过程属于非线性约束优化问题，常用的优化方法有惩罚函数法、遗传算法、模拟退火法与神经网络法。这些优化方法虽然能够解决复杂优化问题，但是对于多目标非线性优化模型目标的加权值很难确定。另外，常用的优化方法和优化过程为封闭式，容易出现死循环。本章应用第2章中扎穴机构和分配器的理论分析，通过计算机编程优化求解扎穴机构、分配器运动学和动力学参数，使整个工作过程规范化，使复杂问题得以简化，避免出现各种错误。应用 Visual Basic 6.0 编写出具有可视化效果的人机交互仿真软件来优化求解扎穴机构的参数，实现深施型液态施肥机扎穴机构的优化设计。分配器的优化问题主要在于确定分配器凸轮轮廓曲线，应用 Visual Basic 6.0 编程优化求解即可得出凸轮轮廓曲线。

3.1 开发平台和开发工具的选择

随着 Windows 操作平台的普及，越来越多的计算机用户开始喜欢并逐渐习惯这种简便的操作方式，编制图形化用户界面的应用程序已经成为开发者的首选，而 Visual Basic 是其中最具代表性的产品。

应用 Visual Basic 语言进行编程的优点是"所见即所得"，用户只需要按照自己的实际需要和设计风格修改界面窗口内各元素（包括按钮、图片、文本框、标签等）的属性表即可。选用 Visual Basic 程序作为开发语言的主要原因有以下几个。

1. 面向对象的程序设计语言

面向对象技术最初起源于面向对象的程序设计语言。随着面向对象的程序设计技术日趋完善，面向对象的思想及方法亦逐步成熟，系统开发人员通过面向对象的分析、设计及编程，将现实世界的空间模型平滑而自然地过渡到面向对象的系统模型，使系统开发过程与人们认识客观世界的过程保持最大限度的一致。利用面向对象开发方法得到的信息系统软件质量高，系统适应性强，系统可靠性高，系统可重用性和维护性好，在内外环境变化的过程中，系统易于保持较长的生命周期。

2. 可视化的集成开发环境

Visual 指开发图形用户界面的方法。程序员不需要编写大量代码去描述界面元素的外观和位置，只需把预先建立的对象加到屏幕上的一点即可。

Basic 指 BASIC 语言，它是在计算技术发展史上应用最为广泛的语言。其中 Visual Basic 是在 BASIC 语言的基础上进一步发展起来的，目前，Visual Basic 包含数百条语句、函数及关键词，其中很多和 Windows GUI 有直接关系。专业人员可以用 Visual Basic 实现其他任何 Windows 编程语言的功能，而初学者掌握少量关键词即可建立简单实用的应用程序。

3. 交互式开发环境

Visual Basic 集成开发环境是一个交互式的开发环境，传统的应用程序开发过程可以分为三个明显的步骤，即编码、编译和测试代码。Visual

Basic 的交互式开发应用程序中的三个步骤没有明显的界线。多数编程语言在编写代码有误的情况下，编译程序时该错误会被编译器捕获。只有查找并改正该错误后，才能进行编译。但是 Visual Basic 可以即时捕获并突出显示大多数语法或拼写错误，便于编程者及时更正。另外，Visual Basic 也在输入代码时部分地编译代码，当准备运行和测试应用程序时，只需在极短时间内完成编译。若编译器发现错误，可及时更正错误并继续编译而不需从头编译，缩短大量时间。正是由于 Visual Basic 的这种特性在编写代码时可随时进行编译和测试，不需全部完成后进行编译和测试。

4. 高度的可扩充性

Visual Basic 除自带的许多功能强大、实用的可视化控件外，还支持其他软件商为其功能而开发的可视化控件。

5. 对象的链接与嵌入

对象的链接与嵌入 OLE（object linking and embedding）将每个应用程序都看作是一个对象，将不同的对象链接起来再嵌入某个应用程序中，从而得到具有声音、影像、动画、文字等各种信息的集合式文件。OLE 技术把多个应用程序集合为一体，是一种应用程序一体化技术。利用 OLE 技术可以方便地建立复合式文档，这种文档由来自多个不同应用程序的对象组成，文档中的每个对象都与原来的应用程序相联系，并可执行与原应用程序完全相同的操作。

6. 动态数据交换

利用动态数据交换 DDE（dynamic data exchange）技术，可以把一种应用程序中的数据动态地链接到另一种应用程序中，使两种完全不同的应用程序可以交换数据、进行通信。当原始数据变化时，可以自动更新链接的数据。Visual Basic 提供动态数据交换的编程技术，可以在应用程序中与其他 Windows 应用程序建立动态数据交换，在不同的应用程序间进行通信。

深施型液态施肥扎穴机构和分配器计算机辅助系统仿真设计与开发包含椭圆齿轮基本参数的计算，喷肥针尖运动轨迹的模拟和凸轮轮廓曲线的选定。利用 Visual Basic 6.0 进行软件编写，集成后形成的小文件包，运行方便、占用空间小，能快速获取扎穴机构和分配器的最优参数集。

3.2 人机交互的优化方法

人机交互优化方法是将人和计算机相结合，通过计算机输入、输出设备，以有效的方式实现人与计算机对话的方法。该方法充分发挥人定性认识的整体效应优势和计算机定量表达的逻辑推理能力。因此，应将人擅长处理随机突发事件的应变能力、模糊推理能力、判断力和创造力与机器擅长处理精确、重复、程序化的计算工作结合起来，使人机充分发挥各自的特点和优势，从而设计出最优方案。

传统机构优化设计方法是通过建立机构的数学模型，应用优化方法求解模型中的最优参数，但当目标函数是多变量非线性函数时无法达到理想的求解效果。人机交互的优化方法可以有效地解决这一问题。因此，本书应用第2章中关于扎穴机构和分配器的理论分析进行数学建模，通过Visual Basic 6.0编制人机交互图形软件，实现人机交互的优化，分析因子变量对目标函数和约束条件的影响。构建机构设计可视化人机交互优化系统一般采用以下步骤和方法。

1. 建立数学模型

当目标函数是多变量非线性函数时，传统的优化方法无法达到理想的求解效果。采用什么样的建模思想可以实现数值与非数值合理优化是构建人机交互优化系统的关键。本书对求解的问题进行理论分析，通过确定需要优化的因子变量、寻求的目标函数和存在的约束条件，建立数学模型。应用求解算法和程序框图对目标进行可视化建模，从而实现交互对象的可视化操作。

2. 编制人机交互图形软件

人机交互图形软件界面是人机之间的信息界面，从某种意义上讲，它比硬件和工作环境更为重要。要求用户能够通过信息界面确定因子变量、目标函数和约束条件三个要素，即实现优化模型的柔性建模。在因子变量、目标函数和约束条件的表达上，采用数字显示和图形显示相结合，可以方便用户对复杂模型进行直观的判断识别和定量的比较分析。因此，人机交互图形软件可以快速有效地调整设计因子变量。

3. 分析变量对目标和约束的影响

优化设计可视化的目的是将设计过程中大量的迭代信息形象地展现给用户，便于用户观察设计的全过程而发现问题根源。充分利用软件的人机交互和可视化功能，有利于分析因子变量、目标函数和各约束条件之间的影响关系，为寻找因子变量对目标函数影响的显著性和因子变量对约束条件的影响规律奠定基础。

4. 优化结果

通过分析因子变量对目标函数和约束条件的影响，能够寻找到因子变量对目标函数影响的显著性和因子变量对约束条件的影响规律，有利于用户根据个人经验、逻辑思维判断结果优良与否和对优化过程的干预，从而有针对性地调整各因子变量，确定最接近目标的因子变量。

3.3 扎穴机构的运动学优化

扎穴机构是深施型液态施肥机的重要部件，其结构设计的合理性决定施肥机的施肥效率和质量，扎穴机构的结构如图 2.1 所示。由于扎穴机构的相对运动和牵连运动构成特殊的运动轨迹，因此，为了获得良好的施肥质量、工作可靠性和作业速度，达到不伤苗、不折弯喷肥针和不划出沟痕的目标，对喷肥针尖的轨迹和姿态有如下要求：①喷肥针的入土深度 90～140mm；②两穴之间的距离 200～320mm；③喷肥针入土时，喷肥针与水平线夹角 70°～110°。

在满足上述条件的基础上，扎穴机构以轻巧为目标，从而提高扎穴速度和改善该机构动力学特性，扎穴机构的目标函数是正圆齿轮的半径 R，模数 m，齿数 z 和椭圆齿轮短轴与长轴之比 k。

上述约束条件和目标函数是复杂多变量非线性函数，采用传统的优化方法很难解出全局最优解。因此，根据运动学、动力学模型和目标函数，在满足约束条件下，应用 Visual Basic 6.0 软件开发出人机对话仿真软件进行优化求解。

3.3.1 数学模型

如图 2.1 所示，点画线所示的位置为初始安装角度，当机架转动角度为 φ 时，机构的位置如图 2.1 中实线所示。根据 2.2.3 节中扎穴机构的运动学模型，可以推导出喷肥针尖 D 点的定轨迹方程，当扎穴前进速度为 v 时，喷肥针尖 D 点运动轨迹方程

$$\begin{cases} x = x_D + v \dfrac{\varphi}{\dot{\varphi}} \\ y = y_D \end{cases} \tag{3.1}$$

式中，$\dot{\varphi}$——行星架转动速度，r/s。

3.3.2 计算机辅助设计

软件的输入参数包括 a、k、R、α_0、φ_0 和 S，输出参数为入土深度、沟痕宽度和穴距。软件能够根据机构参数的变化实时地计算输出参数，并显示轨迹，如图 3.1 所示。

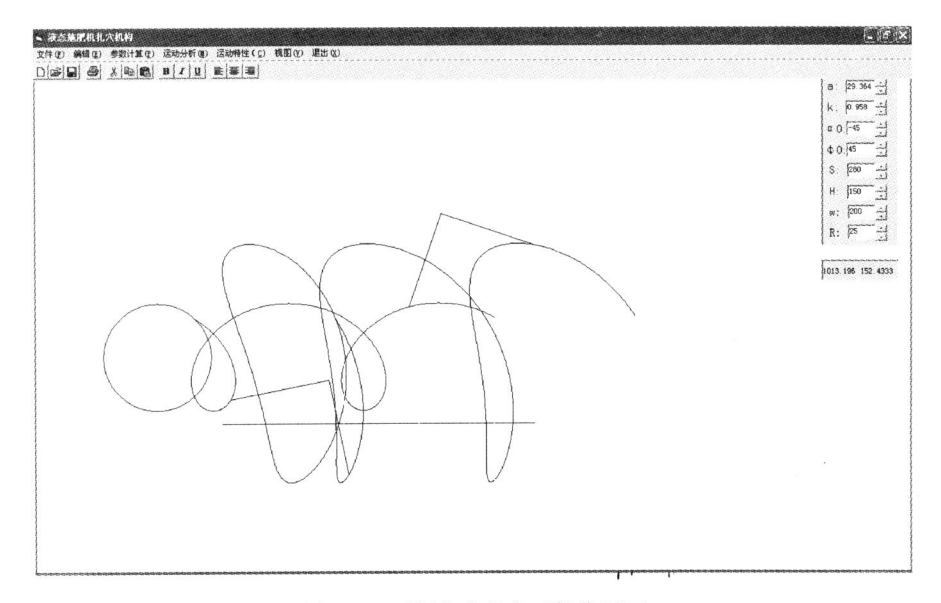

图 3.1 可视化人机交互优化界面

使用该软件时，首先根据经验输入一组参数，由计算机实时计算结果并显示轨迹，进行运动模拟。再根据这些结果，凭借人的经验和逻辑思维直接判断这组参数优良与否。

3.3.3 结果分析

人机对话仿真软件得出的结果是喷肥针尖点的运动轨迹，测量轨迹上关键点的坐标值可以得出喷肥针的沟痕宽度、穴距和入土深度值。因此，在满足沟痕宽度、穴距和入土深度等约束条件时，借助人机对话仿真软件能够定性分析因子变量对轨迹的影响。为方便分析因子变量对结果的影响，对人机对话仿真软件得出的轨迹曲线进行解释和说明。

如图 3.2 所示，喷肥针尖点的绝对运动轨迹是牵连运动和相对运动合成的特殊运动轨迹。喷肥针的牵连运动随着行星架做圆周运动，相对运动随行星轮做不等速逆向转动。

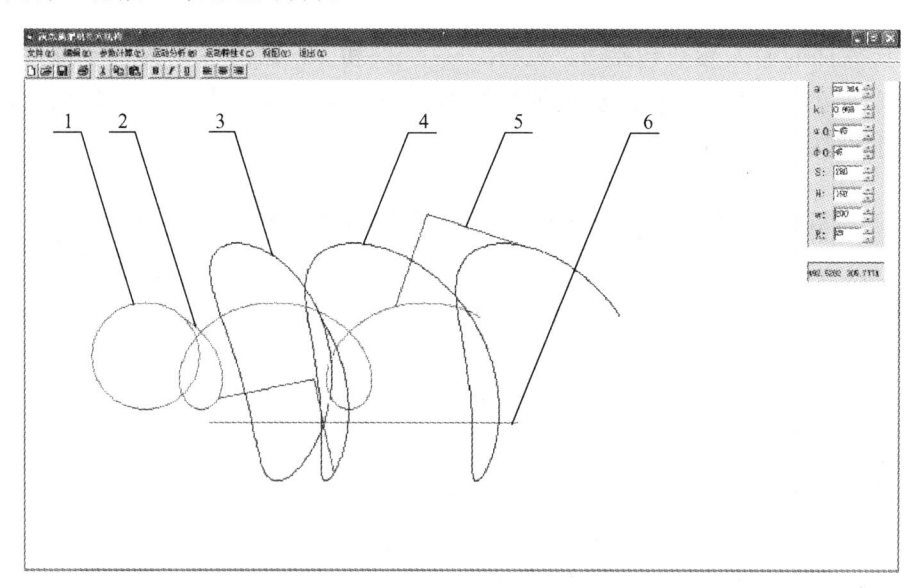

图 3.2 扎穴机构运动轨迹
1. 行星轮轴相对运动轨迹；2. 行星轮轴绝对运动轨迹；3. 喷肥针尖相对运动轨迹；
4. 喷肥针尖绝对运动轨迹；5. 喷肥针；6. 地面线

3.3.3.1 不同 a 值时喷肥针尖运动轨迹

在椭圆齿轮短轴与长轴之比 0.958，正圆齿轮半径 25mm，喷肥针尖和

3 扎穴机构和分配器的优化设计

行星轮轴连线与行星架的初始夹角-45°，行星架转动初始安装角45°，行星轮轴转动中心距喷肥针尖的距离280mm，穴距300mm的条件下，考察椭圆齿轮长半轴 a 对运动轨迹的影响，选取因子变量 a 的4个数值分别为25mm、28mm、31mm 和 34mm。不同 a 值时喷肥针尖运动轨迹如图3.3所示。

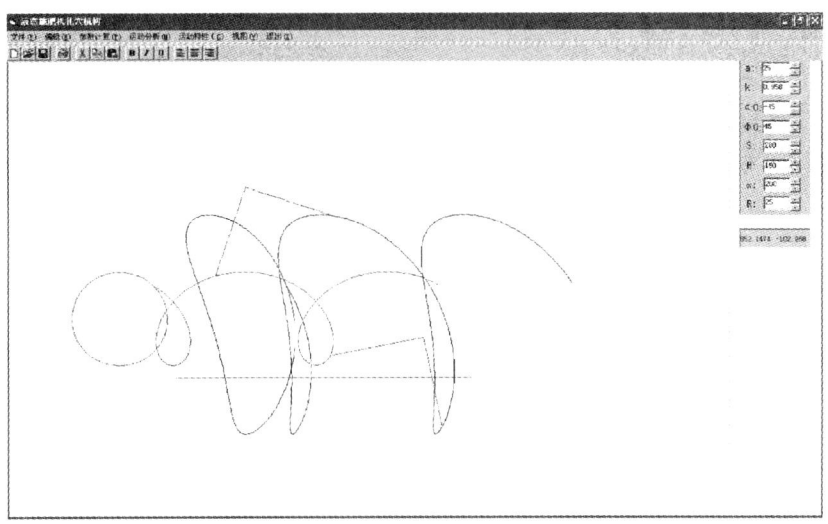

（a）a=25mm

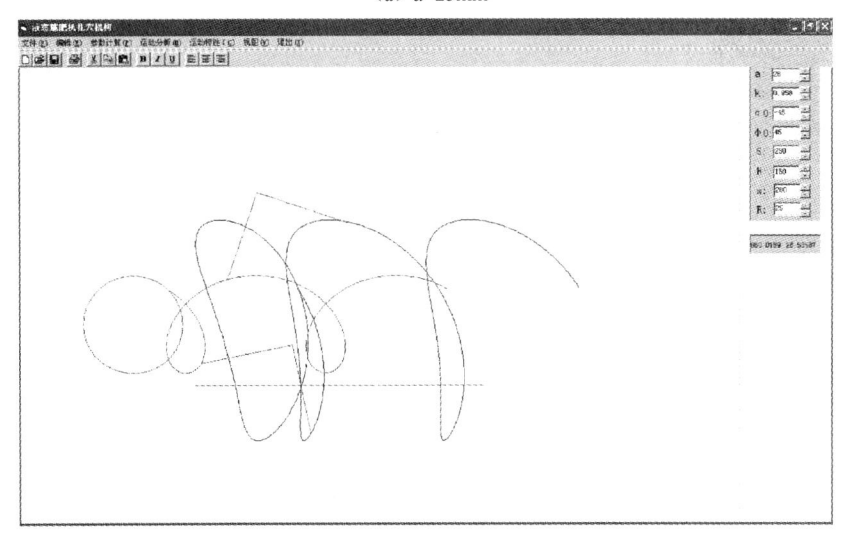

（b）a=28mm

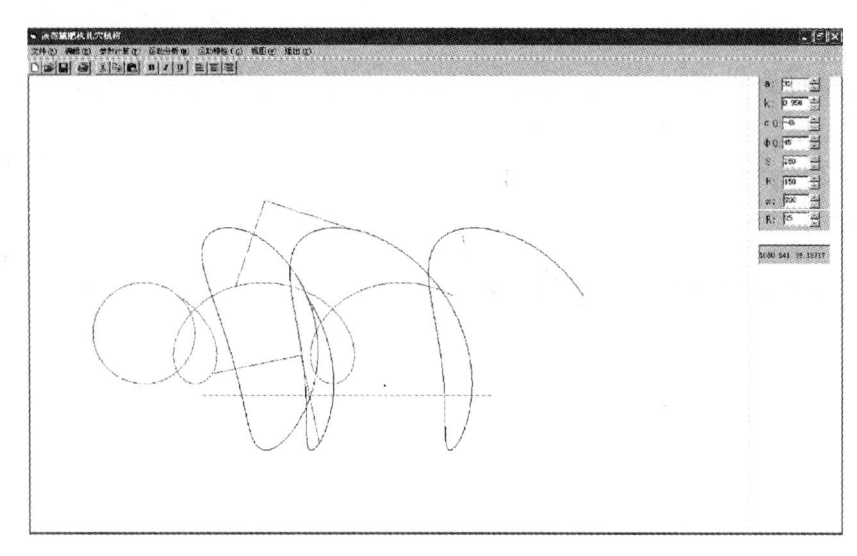

（c）a=31mm

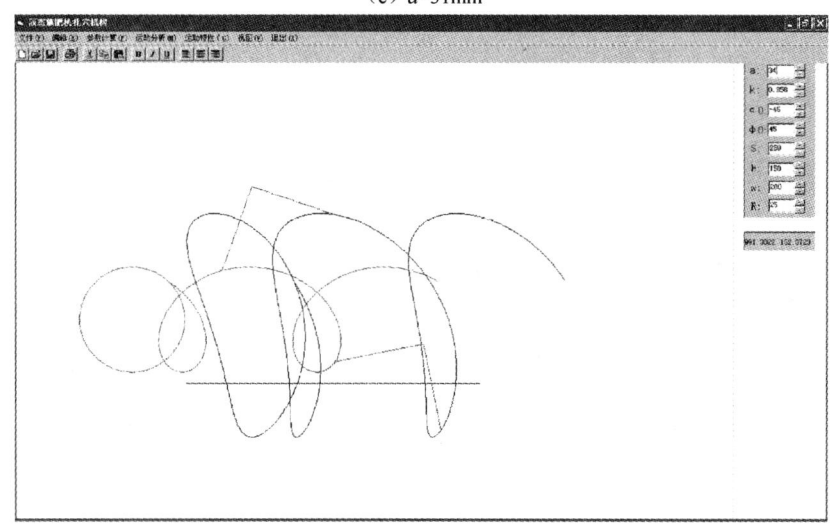

（d）a=34mm

图 3.3　不同 a 值时喷肥针尖运动轨迹

由图 3.3 可知，椭圆齿轮长半轴 a 的变化影响行星轮轴运动轨迹和喷肥针尖运动轨迹的高度，轨迹高度与 a 值大小成正比。当 a 值小于 13mm 时，椭圆齿轮强度低，扎穴机构无法满足工作要求；当 a 值大于 40mm 时，行星架将与地面线接触，影响施肥作业质量；当 a 的取值范围为 13～40mm 时，沟痕宽度随 a 值的增大而增大，穴距随 a 值的增大而减小，入土深度不随 a 值的变化而变化。

3.3.3.2 不同 k 值时喷肥针尖运动轨迹

在椭圆齿轮长半轴 28mm，正圆齿轮半径 25mm，喷肥针尖和行星轮轴连线与行星架的初始夹角 $-45°$，行星架转动初始安装角 $45°$，行星轮轴转动中心距喷肥针尖的距离 280mm，穴距 300mm 的条件下，研究椭圆齿轮短轴与长轴之比 k 对运动轨迹的影响，选取因子变量 k 的 4 个数值分别为 0.938、0.948、0.958 和 0.968。不同 k 值时喷肥针尖运动轨迹如图 3.4 所示。

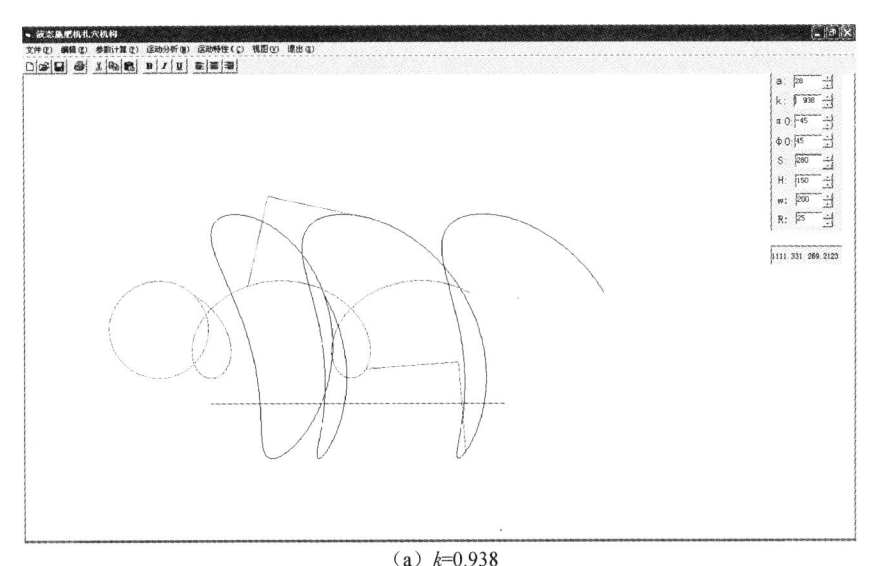

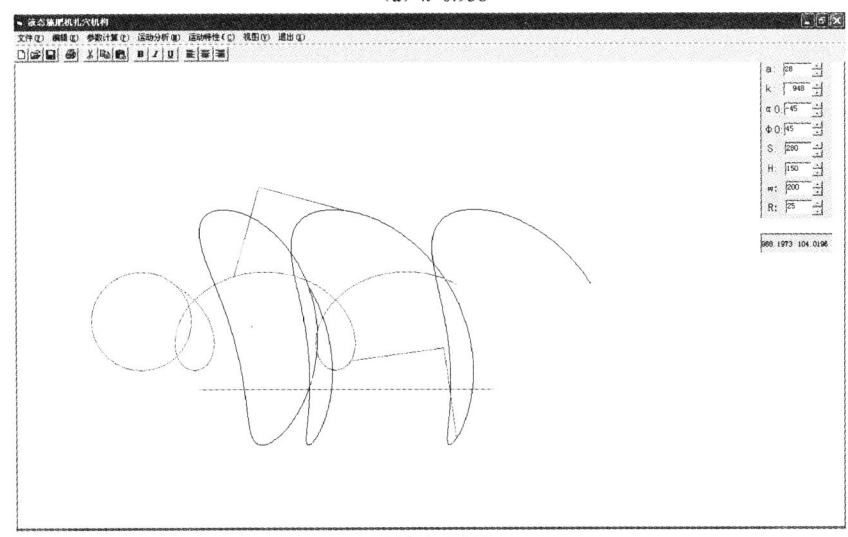

(a) k=0.938

(b) k=0.948

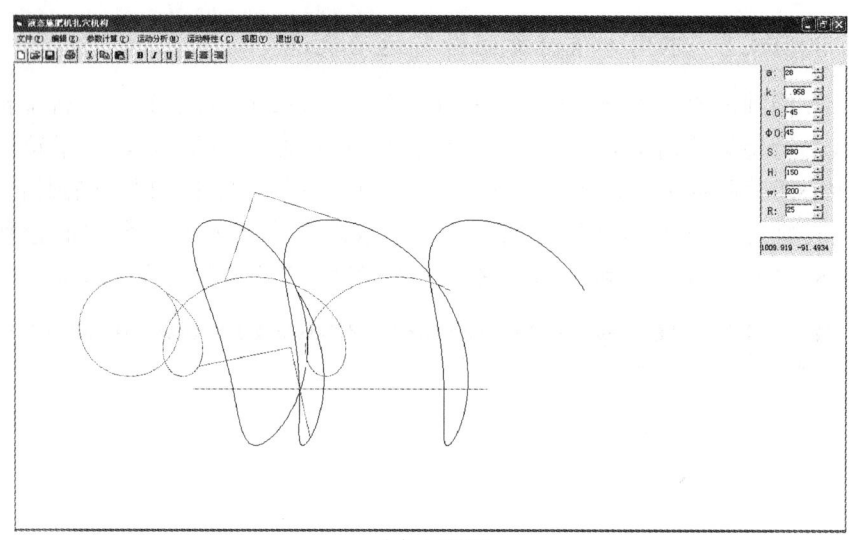

（c）$k=0.958$

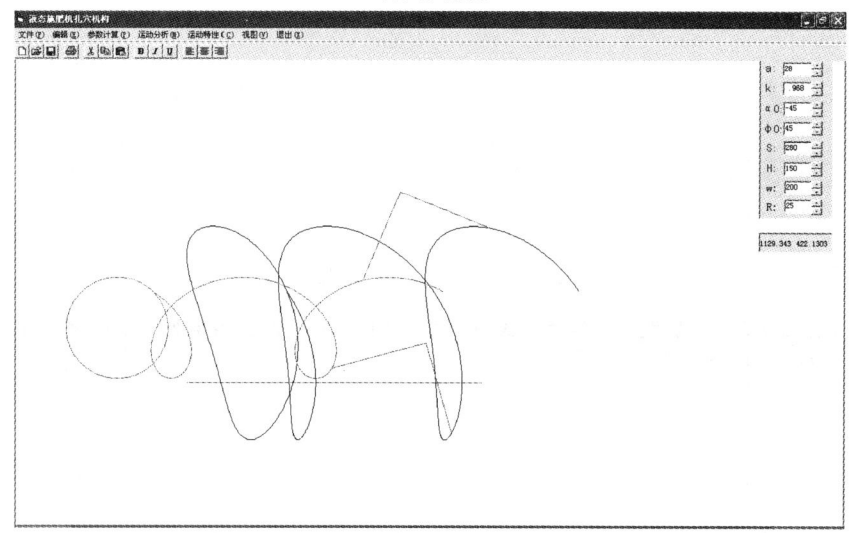

（d）$k=0.968$

图 3.4　不同 k 值时喷肥针尖运动轨迹

由图 3.4 可知，椭圆齿轮短轴与长轴比 k 影响喷肥针尖轨迹形状，轨迹的饱满程度与 k 值大小成正比。当 k 值小于 0.9 时，角度差过大导致喷肥针尖相对运动轨迹形状呈"海豚"型，不适合扎穴施肥的需要；当 k 值等于 1 时，喷肥针尖相对运动轨迹形状是圆，也不适合扎穴施肥的需要；当 k 的取值范围为 0.9~1 时，沟痕宽度随 k 值的增大而增大，穴距和入土深度不随 k 值的变化而变化。

3.3.3.3 不同 R 值时喷肥针尖运动轨迹

在椭圆齿轮长半轴 28mm，椭圆齿轮短轴与长轴之比 0.958，喷肥针尖和行星轮轴连线与行星架的初始夹角 $-45°$，行星架转动初始安装角 $45°$，行星轮轴转动中心距喷肥针尖的距离 280mm，穴距 300mm 的条件下，研究正圆齿轮半径 R 对运动轨迹的影响，选取因子变量 R 的 4 个数值分别为 19mm、22mm、25mm 和 28mm。不同 R 值时喷肥针尖动运轨迹如图 3.5 所示。

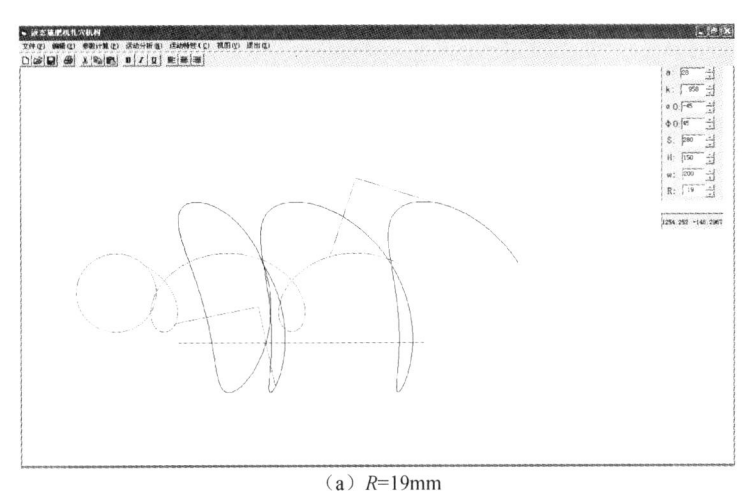

(a) R=19mm

(b) R=22mm

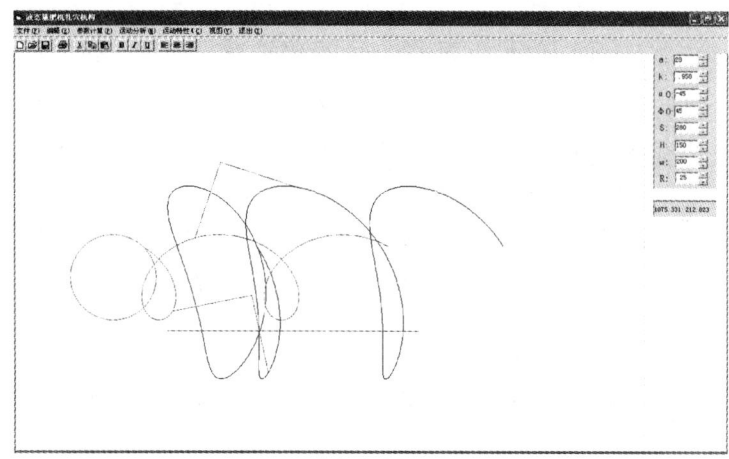

(c) $R=25$mm

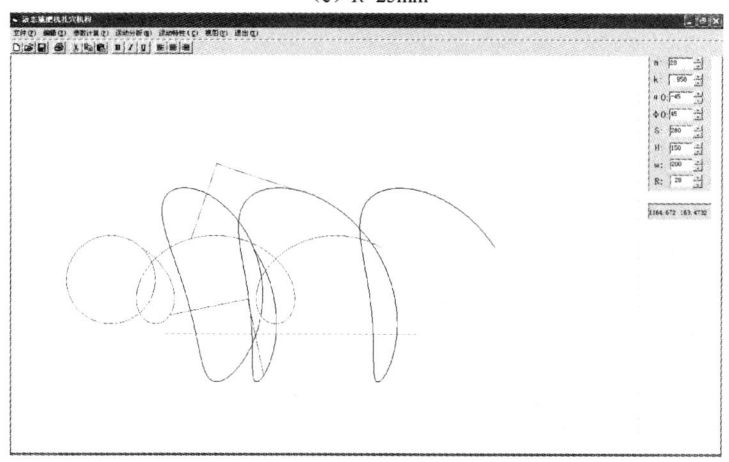

(d) $R=28$mm

图 3.5 不同 R 值时喷肥针尖运动轨迹

由图 3.5 可知，正圆齿轮半径 R 影响喷肥针尖轨迹宽度，轨迹宽度与 R 值成正比。当 R 值小于 20mm 时，扎穴机构运动不平稳；当 R 值大于 33mm 时，行星架将与地面线接触，影响施肥作业质量；当 R 的取值范围为 20~33mm 时，沟痕宽度随 R 值的增大而增大，穴距随 R 值的增大而减小，入土深度不随 R 值的变化而变化。

3.3.3.4 不同 α_0 值时喷肥针尖运动轨迹

在椭圆齿轮长半轴 28mm，椭圆齿轮短轴与长轴之比 0.958，正圆齿轮半径 25mm，行星架转动初始安装角 45°，行星轮轴转动中心距喷肥针尖的距离 280mm，穴距 300mm 的条件下，研究喷肥针尖和行星轮轴连线与行星架的初始夹角 α_0 对运动轨迹的影响，选取因子变量 α_0 的 4 个数值分别为 -55°、-50°、-45°和 -40°。不同 α_0 值时喷肥针尖运动轨迹如图 3.6 所示。

由图 3.6 可知，喷肥针尖和行星轮轴连线与行星架的初始夹角 α_0 影响喷肥针尖轨迹在空间的姿态。当 α_0 增加时，喷肥针尖轨迹逆时针转动。当 α_0 小于 -60°时，喷肥针尖相对运动轨迹形状呈"海豚"型，不适合扎穴施肥的需要；当 α_0 大于 -25°时，喷肥针尖运动轨迹离开地面线，无法进行

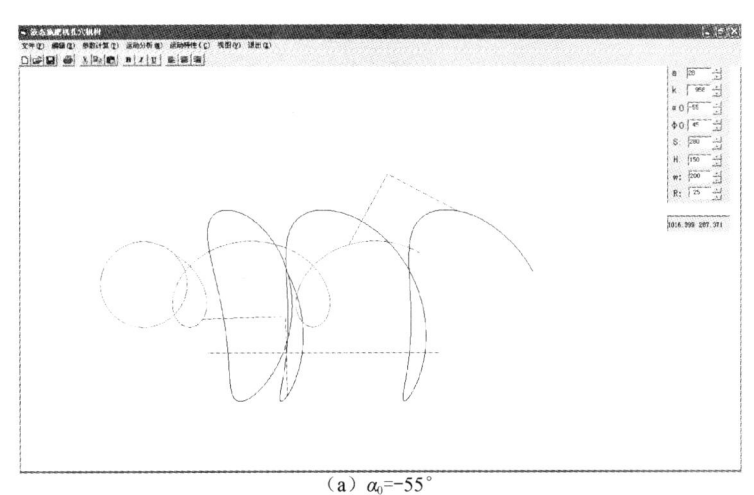

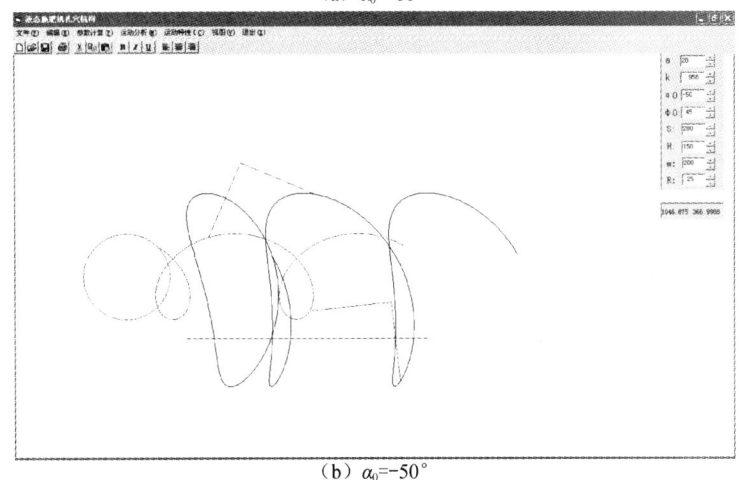

(a) α_0=-55°

(b) α_0=-50°

(c) $\alpha_0=-45°$

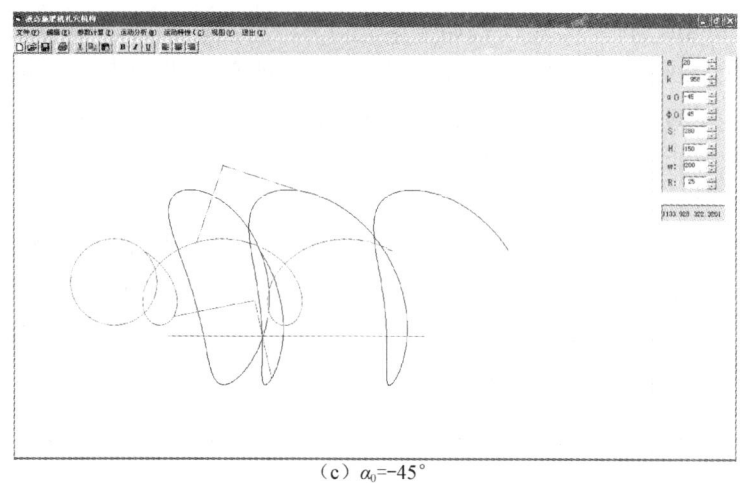

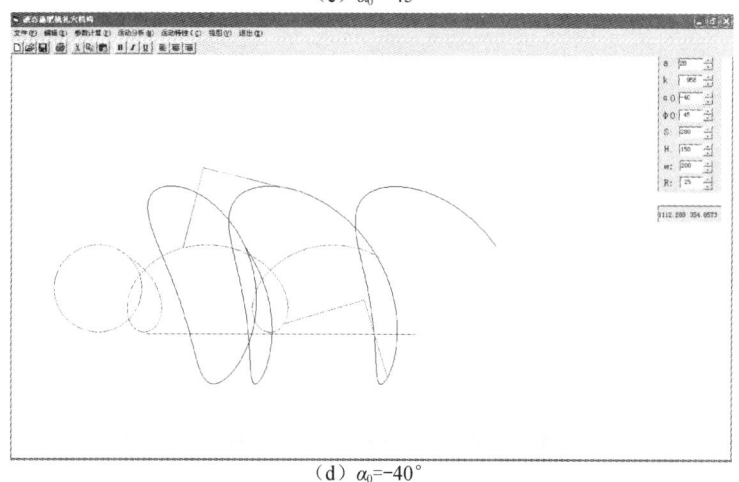

(d) $\alpha_0=-40°$

图 3.6　不同 α_0 值时喷肥针尖运动轨迹

液态肥深施作业；当 α_0 的取值范围为 $-60°\sim-25°$ 时，入土深度随 α_0 值增大而减小，穴距不随 α_0 值的变化而变化。

3.3.3.5　不同 φ_0 值时喷肥针尖运动轨迹

在椭圆齿轮长半轴 28mm，椭圆齿轮短轴与长轴之比 0.958，正圆齿轮半径 25mm，喷肥针尖和行星轮轴连线与行星架的初始夹角 $-45°$，行星轮轴转动中心距喷肥针尖的距离 280mm，穴距 300mm 的条件下，考察行星架转动初始安装角 φ_0 对运动轨迹的影响，选取因子变量 φ_0 的 4 个数值分别为 35°、40°、45°和 50°。不同 φ_0 值时喷肥针尖运动轨迹如图 3.7 所示。

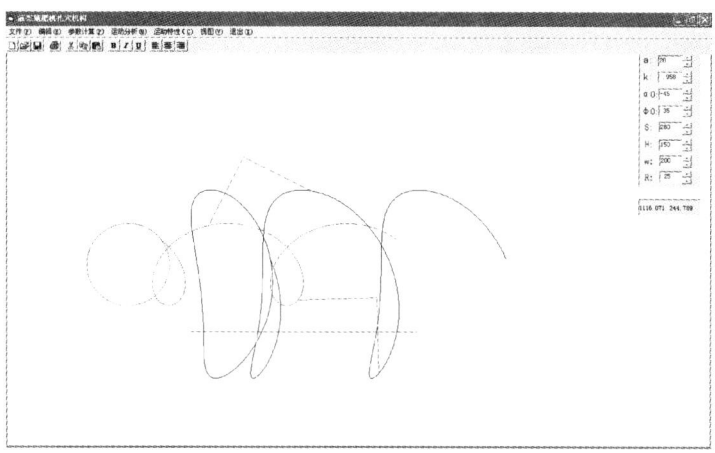

3 扎穴机构和分配器的优化设计

(a) $\varphi_0=35°$

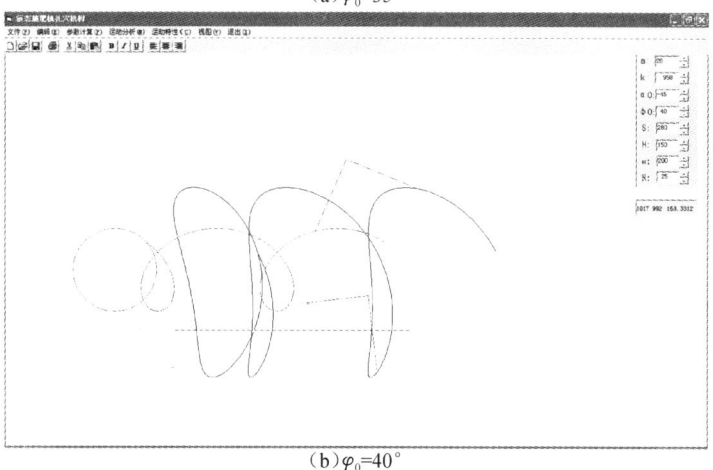

(b) $\varphi_0=40°$

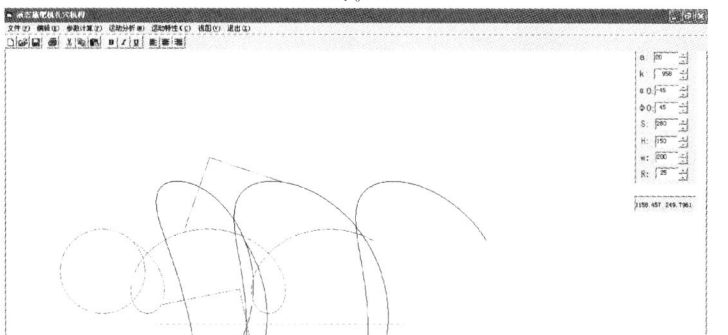

(c) $\varphi_0=45°$

(d) $\varphi_0=50°$

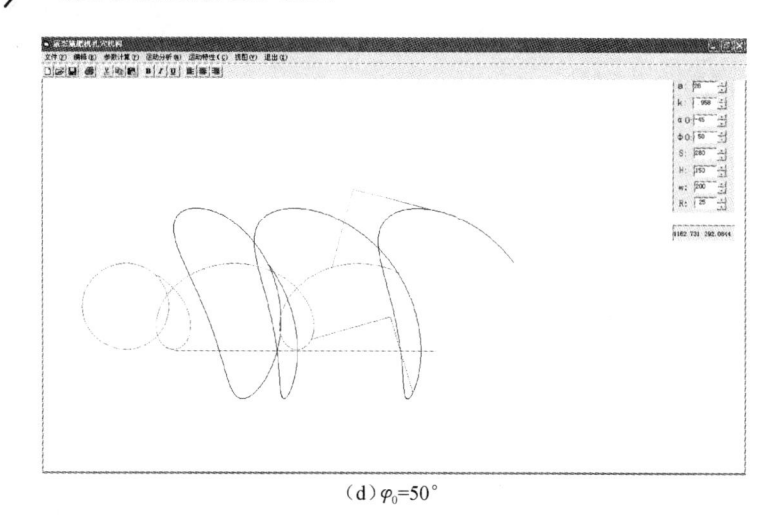

图 3.7　不同 φ_0 值时喷肥针尖运动轨迹

由图 3.7 可知，行星架转动初始安装角 φ_0 影响喷肥针尖轨迹在空间的位置。当 φ_0 增加时，喷肥针尖轨迹逆时针转动；当 φ_0 的取值范围为 33°~60° 时，变化规律与 α_0 相同。

3.3.3.6　不同 S 值时喷肥针尖运动轨迹

在椭圆齿轮长半轴 28mm，椭圆齿轮短轴与长轴之比 0.958，正圆齿轮半径 25mm，喷肥针尖和行星轮轴连线与行星架的初始夹角－45°，行星架转动初始安装角 45°，穴距 300mm 的条件下，研究行星轮轴转动中心距喷肥针尖的距离 S 对运动轨迹的影响，选取因子变量 S 的 4 个数值分别为 220mm、250mm、280mm 和 310mm。不同 S 值时喷肥针尖运动轨迹如图 3.8 所示。

由图 3.8 可知，行星轮轴转动中心距喷肥针尖的距离 S 影响喷肥针尖轨迹高度和入土深度。轨迹的高度和入土深度随着 S 的增大而减小，沟痕宽度和穴距不随 S 值的变化而变化。

3.3.4　优化结果

应用人机对话仿真软件对扎穴机构进行运动学分析，得出满足运动学要求的优化结果见表 3.1。

3　扎穴机构和分配器的优化设计

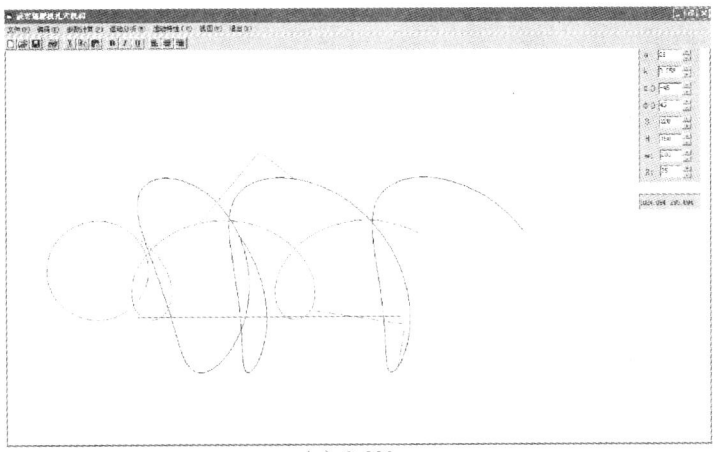

（a）$S=220$mm

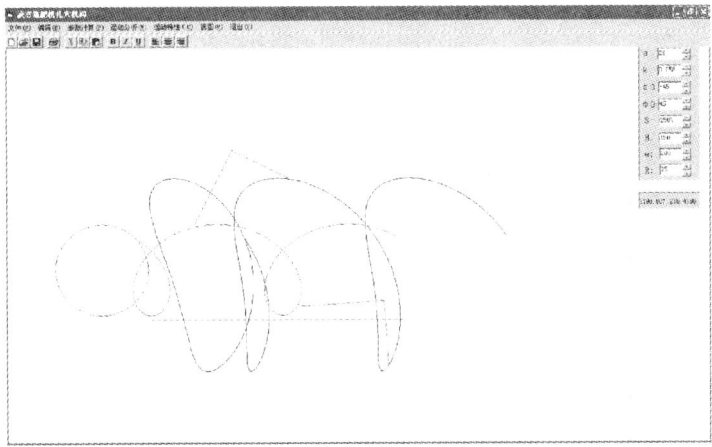

（b）$S=250$mm

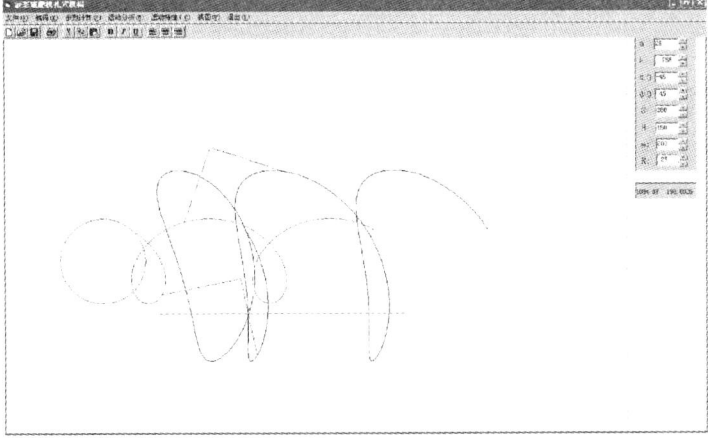

（c）$S=280$mm

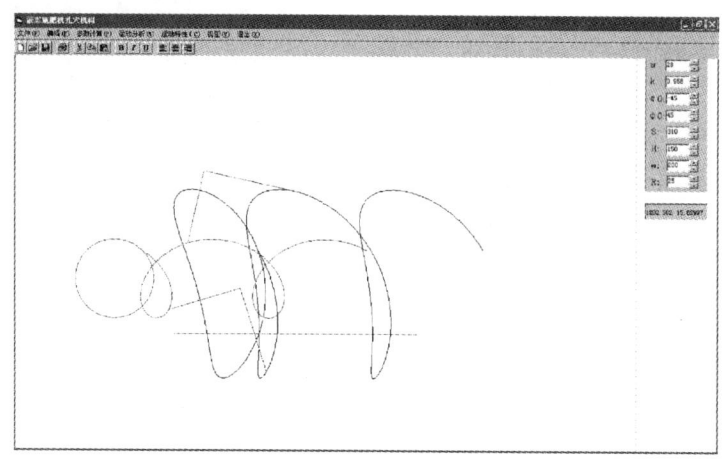

(d) S=310mm

图 3.8　不同 S 值时喷肥针尖运动轨迹

表 3.1　运动学优化结果

a/mm	k	R/mm	α_0/°	φ_0/°	S/mm
29.364	0.958	25	−45～−40	40～50	280～300

应用运动学进行优化设计，得到的解是一个范围，其中每一组参数都是"非劣解"，形成的扎穴机构都可以满足设计的要求。

3.4　扎穴机构的动力学优化

最优参数组合既要满足运动学要求，又要使机构具有最佳的动力学特性。因此，需要对扎穴机构进行动力学分析，得出最优参数。

3.4.1　优化目标

由于扎穴机构的位置参数是一个范围，虽然能够满足设计要求，但不能够保证机构具有最佳的动力学特性。因此，扎穴机构的动力学优化对象为喷肥针尖和行星轮轴连线与行星架的初始夹角 α_0、行星架转动初始边与 x 轴夹角 φ_0 和行星轮中心点到喷肥针尖点的距离 S。

3.4.2 目标函数

扎穴机构通过太阳轮与机架连接，可以将扎穴机构简化为倾斜的悬臂梁，与 x 方向倾斜角度约为 $4°$，与 y 方向倾斜角度约为 $6°$。因此，扎穴机构支座处 x 和 y 方向力对机架产生的振动程度不同，比例约为 $\tan4°:\tan6°$，即 x 和 y 方向力的比例约为 $2:3$。当扎穴机构在转动时，力的大小除了考虑喷肥针入土时的峰值力，还要考虑在一个工作循环中的波动力。峰值力的大小用一个作业循环内力最大值与最小值之差描述，波动力用一个工作循环内各个位置力的均方差表示。经模型验证结果和预备试验，峰值力和波动力的权重分别为 0.8 和 0.2。设太阳轮 x 方向峰值力目标函数 $f_1(\alpha_0,\varphi_0,S)$，$y$ 方向峰值力目标函数 $f_2(\alpha_0,\varphi_0,S)$，$x$ 方向波动力目标函数 $f_3(\alpha_0,\varphi_0,S)$，$y$ 方向波动力目标函数 $f_4(\alpha_0,\varphi_0,S)$，则目标函数为

$$\mathrm{Min}F(\alpha_0,\varphi_0,S) = 0.8[2f_1(\alpha_0,\varphi_0,S)+3f_2(\alpha_0,\varphi_0,S)] \\ +0.2[2f_3(\alpha_0,\varphi_0,S)+3f_4(\alpha_0,\varphi_0,S)] \tag{3.2}$$

3.4.3 约束条件

由于目标函数结构复杂，变量范围较大，求解比较困难。本书将运动学优化结果 α_0，φ_0 和 S 作为目标函数约束条件，可以加快优化速度，增加搜索全局最优解的可能性。增加约束条件的扎穴机构动力学模型为

$$\begin{cases} -45 \leqslant \alpha_0 \leqslant -40 \\ 40 \leqslant \varphi_0 \leqslant 50 \\ 280 \leqslant S \leqslant 300 \end{cases} \tag{3.3}$$

3.4.4 模型优化

扎穴机构的动力学优化是多目标优化问题，由于目标函数和约束条件为离散函数，无法进行求导。本书应用基于"种间竞争"改进遗传算法对扎穴机构动力学模型进行优化，参数的选择见表 3.2 所示。

表 3.2　遗传算法参数

参数	群体大小	交叉概率	变异概率	竞争频率	遗传代数
数值	10	0.8	0.01	2	80

3.4.5　优化结果

根据扎穴机构动力学模型，应用 Visual Basic 6.0 软件开发出基于"种间竞争"改进遗传算法动力学优化软件，如图 3.9 所示。

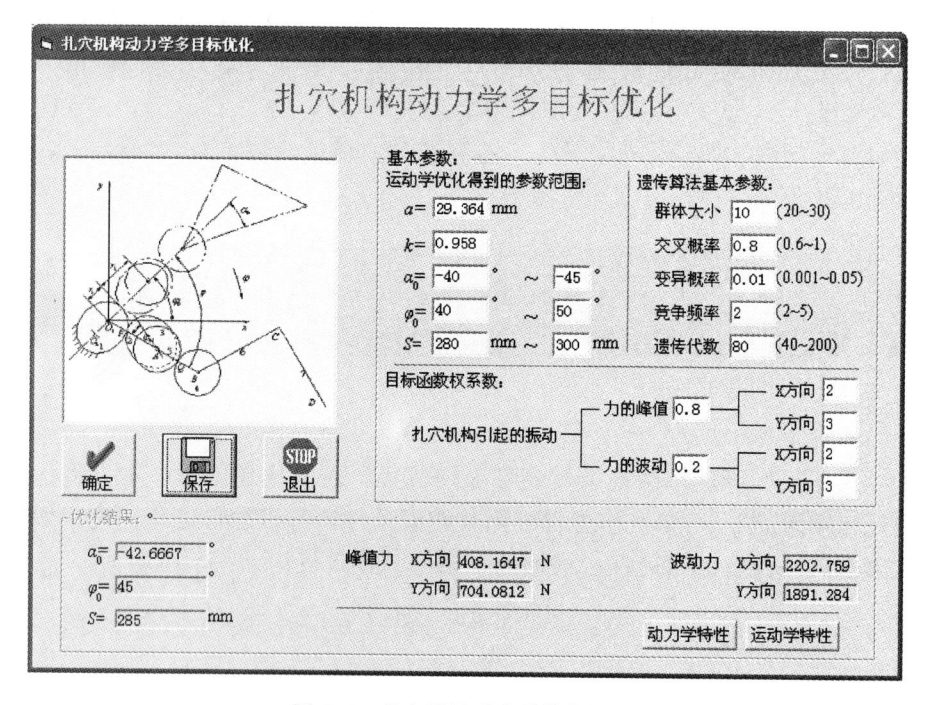

图 3.9　扎穴机构动力学优化界面

使用该软件时，只需手动输入运动学优化参数、遗传算法基本参数和目标函数权系数就可以得到动力学优化结果。应用动力学优化软件得到的优化结果见表 3.3。此时，扎穴机构对机架作用力 x 方向峰值力为 408.2N，y 方向峰值力为 704.1N，x 方向波动力为 2202.759N，y 方向波动力为 1891.284N。

3 扎穴机构和分配器的优化设计

表 3.3 动力学优化结果

a/mm	k	R/mm	α_0/°	φ_0/°	S/mm
29.364	0.958	25	-42	45	285

α_0、φ_0 和 S 是扎穴机构装配和调整的主要参数，影响扎穴机构的扎穴质量。a 和 R 是设计椭圆齿轮的必要参数，将其值输入椭圆齿轮齿廓设计软件中，只需手工输入模数 m，即可得到椭圆齿轮齿廓曲线，如图 3.10 所示。

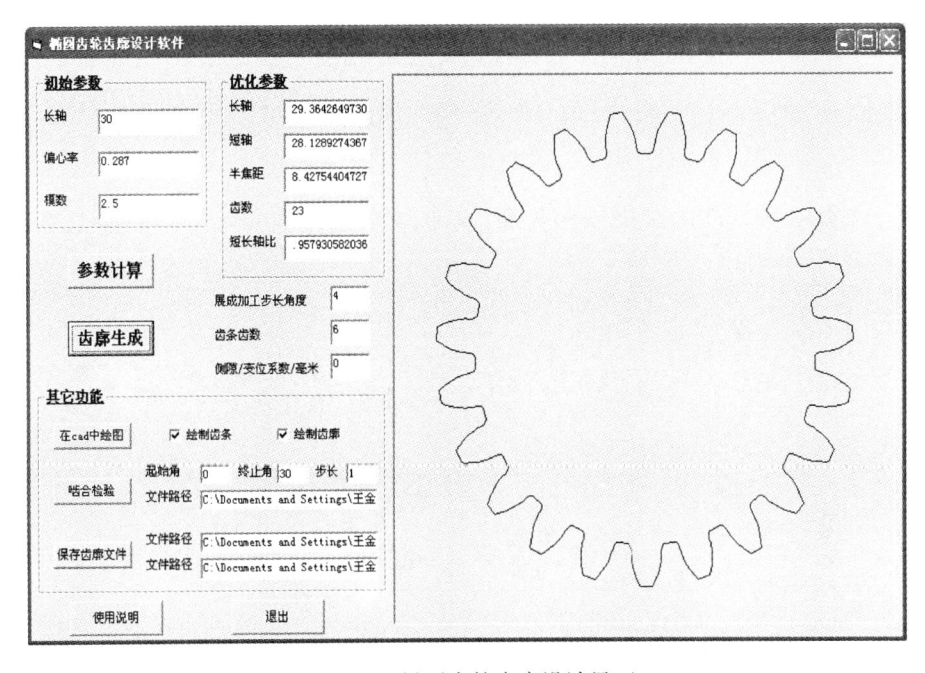

图 3.10 椭圆齿轮齿廓设计界面

如图 3.10 所示，椭圆齿轮齿廓设计软件设计出扎穴机构的椭圆齿轮齿廓。应用该软件的"在 CAD 中绘图"功能，将椭圆齿轮齿廓导入 AutoCAD2004 中，完成椭圆齿轮的绘制。椭圆齿轮齿廓的绘制是椭圆齿轮 Pro/E 建模和 ADAMS 仿真的必要条件。

3.5 分配器的优化设计

为获得良好的施肥效果、工作可靠性和施肥量的均匀性，保证液态施肥机施肥过程入土时间和离土时间比 1∶4，对分配器凸轮轮廓曲线有如下要求：①从动件行程 10mm；②推程运动角 36°、远休止角 0°、回程运动角 36°；③基圆半径小于 35mm；④推程压力角小于 35°，回程压力角小于 45°。

在满足上述条件的基础上，为了提高凸轮机构的运动学特性，减轻重量，减小惯性效应，缩小从动件运动的路径以及减少磨损，要求凸轮具有最小尺寸的实际轮廓线基圆直径。由于凸轮尺寸减小使压力角和曲率半径接近极限值，因此，最小曲率半径必须大于满足从动件运动要求所得到的最小值。根据数学模型和目标函数，在满足约束条件的前提下，应用 Visual Basic 6.0 软件编程优化求解凸轮轮廓曲线。

3.5.1 目标函数

根据分配器凸轮理论轮廓曲线，可以推导出凸轮实际轮廓曲线上 K 点的极坐标

$$\begin{cases} \theta_K = \arctan\left[\dfrac{\rho_B \sin\theta_B - r\sin(\theta - \beta_o - \alpha)}{\rho_B \cos\theta_B - r\cos(\theta - \beta_o - \alpha)}\right] \\ \rho_K = \rho_B \cos(\theta_B - \theta_K) - r\cos(\theta - \beta_o - \theta_K - \alpha) \end{cases} \tag{3.4}$$

K 点的直角坐标为

$$\begin{cases} x_K = \rho_K \cos\theta_K \\ y_K = \rho_K \sin\theta_K \end{cases} \tag{3.5}$$

3.5.2 计算机辅助设计

软件的输入包括推程压力角 α_1、回程压力角 α_2、r_0、r、推程运动角 Φ_1、远休止角 Φ_2、回程运动角 Φ_3、近休止角 Φ_4 和升程 h。软件便于设计者随机选定实际使用的基本尺寸数据，通过人机对话修改环节，最后确定各项基本尺寸的数据。凸轮机构应满足的条件为：①机构压力角绝对值不超过许用值；②从动件的运动规律不失真；③凸轮实际轮廓的曲率半径最小绝对值大于滚子半径。

使用该软件时，根据目标函数对凸轮轮廓曲线的要求，输入 α_1、α_2、Φ_1、Φ_2、Φ_3、Φ_4 和 h，再选择推程和回程运动规律，通过人机对话功能确定 r_0、r 和 e。最终输入参数见表 3.4，得到的凸轮轮廓曲线如图 3.11 所示。

3 扎穴机构和分配器的优化设计

表 3.4 输入参数

$\alpha_1/°$	$\alpha_2/°$	$\Phi_1/°$	$\Phi_2/°$	$\Phi_3/°$	$\Phi_4/°$	h/mm	r_0/mm	r/mm	e/mm
35	45	36	0	36	288	10	30	8	0

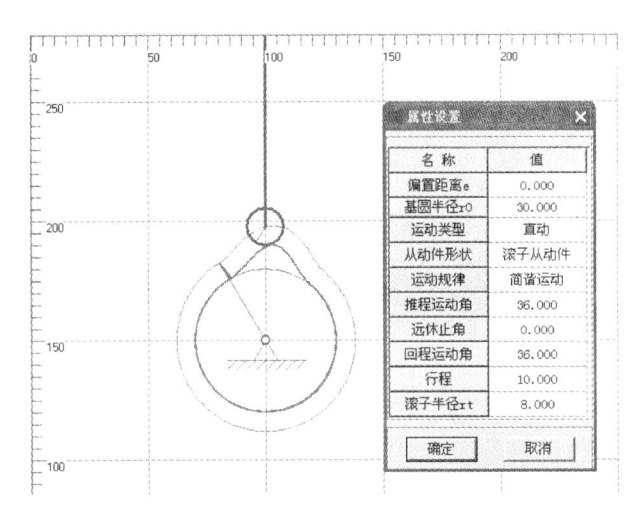

图 3.11 凸轮轮廓曲线

如图 3.11 所示，软件设计出分配器凸轮轮廓曲线。由于凸轮旋转过程中未出现失真现象，所以凸轮轮廓曲线满足设计要求。应用该软件的"保存凸轮轮廓曲线"功能，将凸轮轮廓曲线导入 Auto CAD 中，完成凸轮轮廓曲线的绘制。凸轮轮廓曲线的绘制是凸轮 Pro/E 建模和 ADAMS 仿真的基础。

4 关键部件动态仿真及深施型液态施肥装置设计

虚拟样机技术（virtual prototyping technology，又称虚拟模型技术）是一项新生的工程技术。随着计算机技术的日臻成熟，虚拟样机技术随之出现，用以对机械系统进行分析。它采用计算机仿真与虚拟技术，在计算机上通过 CAD/CAM/CAE 等技术把产品资料集成到一个可视化的环境中，实现产品的仿真和分析。

虚拟样机技术在设计初级阶段就可以对整个系统进行完整的分析，可以观察并试验各组成部件的相互运动情况。使用系统仿真软件在各种虚拟环境中进行真实模拟系统的运动，它可以在计算机上方便地修改设计缺陷，仿真试验不同的设计方案，对整个系统不断的改进，直到获得最优的设计方案，再做出物理样机。虚拟技术的研究范围主要是机械系统运动学和动力学分析，其核心是利用计算机辅助分析技术进行机械系统的运动学和动力学分析，以确定系统及其各构件在任意时刻的位置、速度和加速度，同时通过求解代数方程组确定引起系统及其各构件运动所需要的作用力和反作用力等。

扎穴机构和分配器是深施型液态施肥机的关键部件，其结构尺寸、运动情况影响深施型液态施肥机的工作质量，而零件间的干涉情况是影响深施型液态施肥机工作可靠性的重要因子。本书应用 Pro/E 和 ADAMS 软件对深施型液态施肥机的关键部件扎穴机构和分配器进行动态仿真，对其参数变化进行预测和评估。

为了确定关键部件在深施型液态施肥装置试验台上的装配关系和位置关系，快速设计和方便安装深施型液态施肥装置试验台，合理布局试验台上各零件的安装位置，本书应用 Pro/E 软件进行深施型液态施肥装置试验台的设计，以便在计算机上及早发现和修改设计缺陷。

4.1 扎穴机构的动态仿真

应用 Visual Basic 6.0 软件实现扎穴机构参数的优化、运动轨迹的模拟和机构结构的示意，但扎穴机构的运动情况和干涉问题的检验需要通过三维实体建模仿真来实现。应用Pro/E软件绘制扎穴机构各零部件的三维实体图和机构装配图，对扎穴机构的运动情况进行运动学分析。将模型导入运动学和动力学仿真软件ADAMS中，添加约束和运动副，最终形成系统的虚拟样机。应用ADAMS软件对扎穴机构进行动力学分析。

4.1.1 椭圆齿轮Pro/E设计与仿真

将3.4.5节中设计的扎穴机构椭圆齿轮齿廓转换到Pro/E中生成椭圆齿轮齿廓样条曲线，应用Pro/E设计出扎穴机构的椭圆齿轮，其结构仿真图如图4.1所示。

(a) 太阳轮 　　　　　　(b) 椭圆齿轮

图4.1 椭圆齿轮结构仿真图

4.1.2 扎穴机构Pro/E运动学仿真

根据设计的椭圆齿轮和3.4.5节中扎穴机构动力学优化参数，应用Pro/E设计出扎穴机构，其结构仿真图如图4.2所示。

应用Pro/E机构模块对扎穴机构进行运动学仿真，得出喷肥针尖运动轨迹曲线，如图4.3所示。启动Pro/E干涉检验模块对扎穴机构进行干涉检验，发现设计的扎穴机构运动过程并无干涉，椭圆齿轮啮合良好。如图4.3(b)所示，扎穴机构入土深度为110mm，扎出的穴距为288mm，设计的扎穴机构能够满足预期的设计要求。

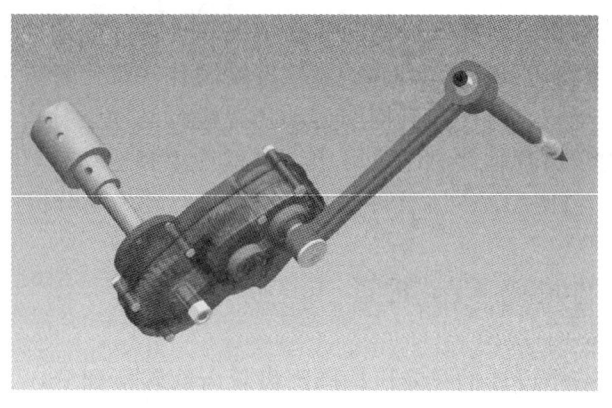

图 4.2 扎穴机构 Pro/E 结构仿真图

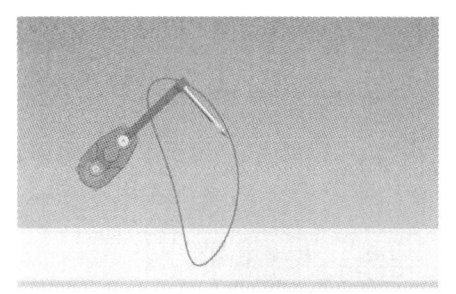

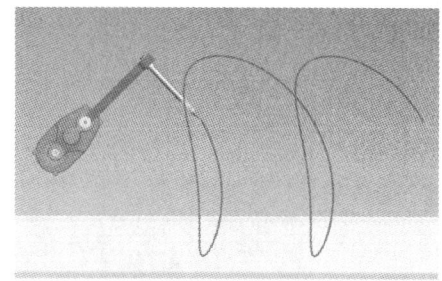

（a）相对运动　　　　　　　　　（b）绝对运动

图 4.3 喷肥针尖运动轨迹曲线图

4.1.2.1 喷肥针尖位置

应用 Pro/E 机构分析功能对扎穴机构进行运动学分析，当行星架转速为 0.277r/s 时，得出喷肥针尖相对运动位置变化曲线，如图 4.4 所示。

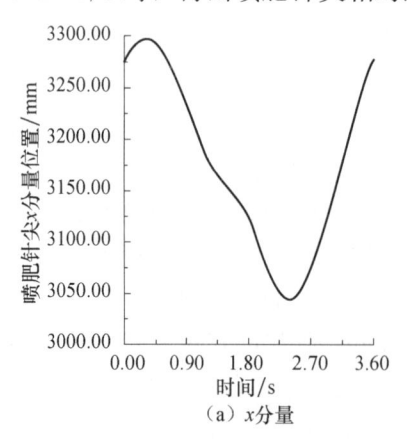

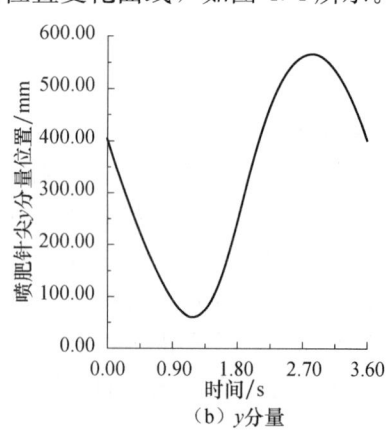

（a）x 分量　　　　　　　　　　（b）y 分量

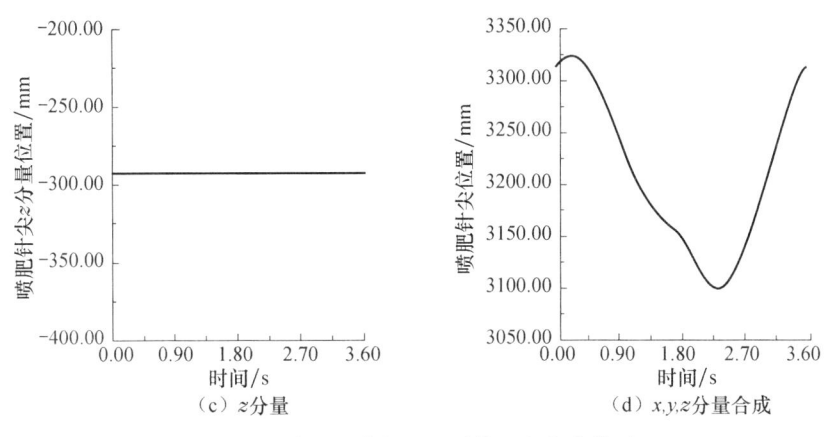

4 关键部件动态仿真及深施型液态施肥装置设计

(c) z分量

(d) x,y,z分量合成

图 4.4 喷肥针尖相对运动位置变化曲线图

如图 4.4（a）~（c）所示，喷肥针尖 x 分量位置变化量 253.7mm，y 分量位置变化量 504.9mm，z 分量位置无变化。将 x、y、z 三个分量位置合成后得到如图 4.4（d）所示的曲线。

当行星架转速为 0.277r/s，试验台车前进速度为 0.08m/s 时，得到喷肥针尖绝对运动位置变化曲线，如图 4.5 所示。

如图 4.5（a）所示，喷肥针尖 x 分量位置变化量为 333.2mm，穴距为 288mm。y、z 分量位置变化与喷肥针尖相对运动 y、z 分量位置变化相同。将 x、y、z 三个分量位置合成后得到如图 4.5（d）所示的曲线。

4.1.2.2 喷肥针尖速度和加速度

当行星架转速为 0.277r/s 时，得到喷肥针尖相对运动速度变化曲线，如图 4.6 所示。

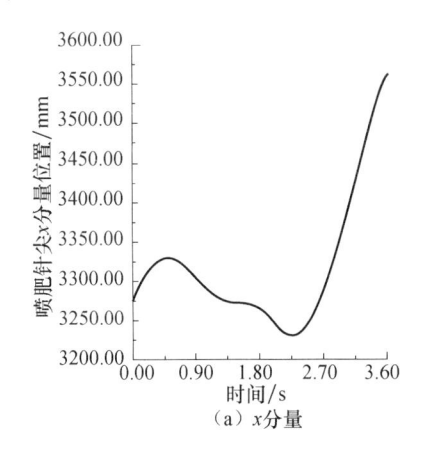

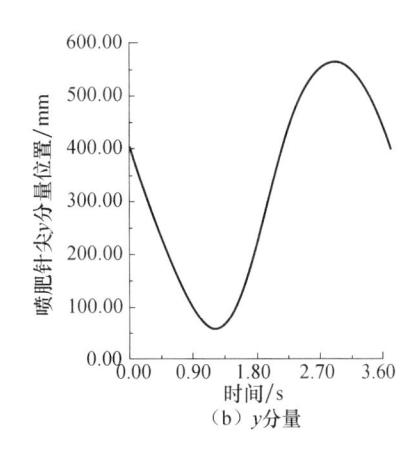

(a) x分量

(b) y分量

（c）z分量　　　　　　　　　　　（d）x,y,z分量合成

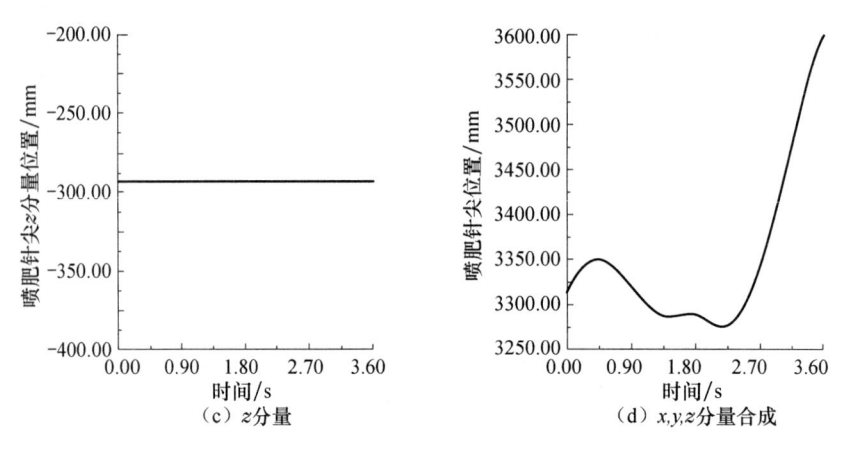

图 4.5　喷肥针尖绝对运动位置变化曲线图

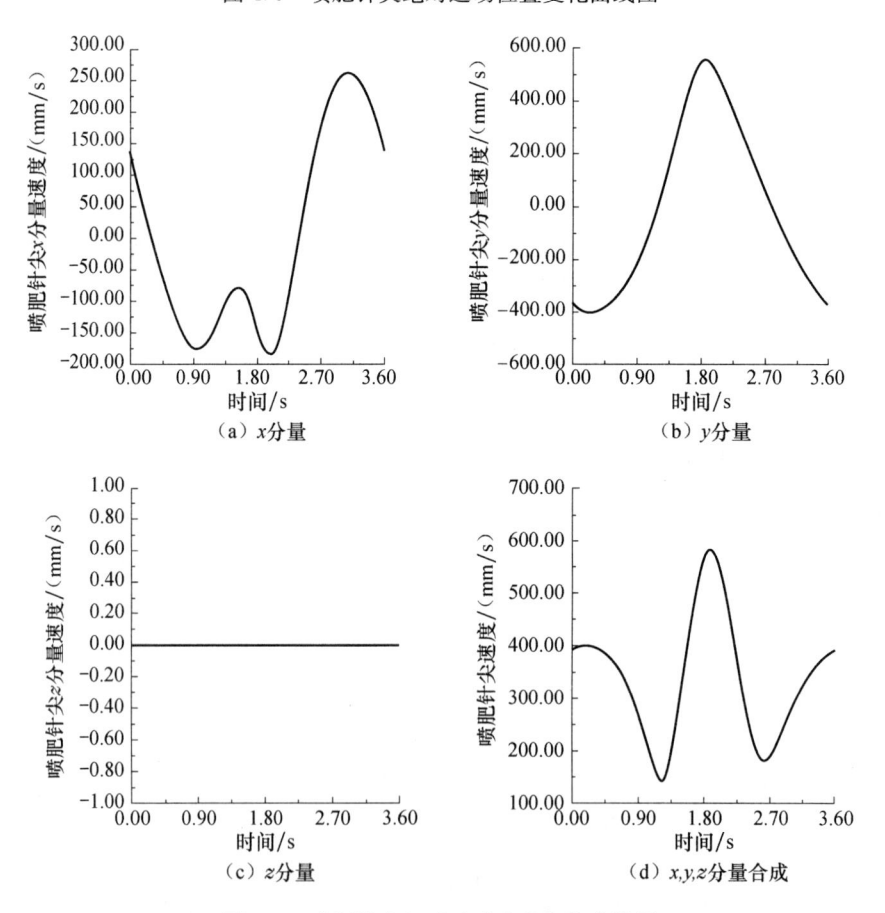

（a）x分量　　　　　　　　　　　（b）y分量

（c）z分量　　　　　　　　　　　（d）x,y,z分量合成

图 4.6　喷肥针尖相对运动速度变化曲线图

当行星架转速为0.277r/s，试验台车前进速度为0.08m/s时，得到喷肥针尖绝对运动速度变化曲线，如图4.7所示。

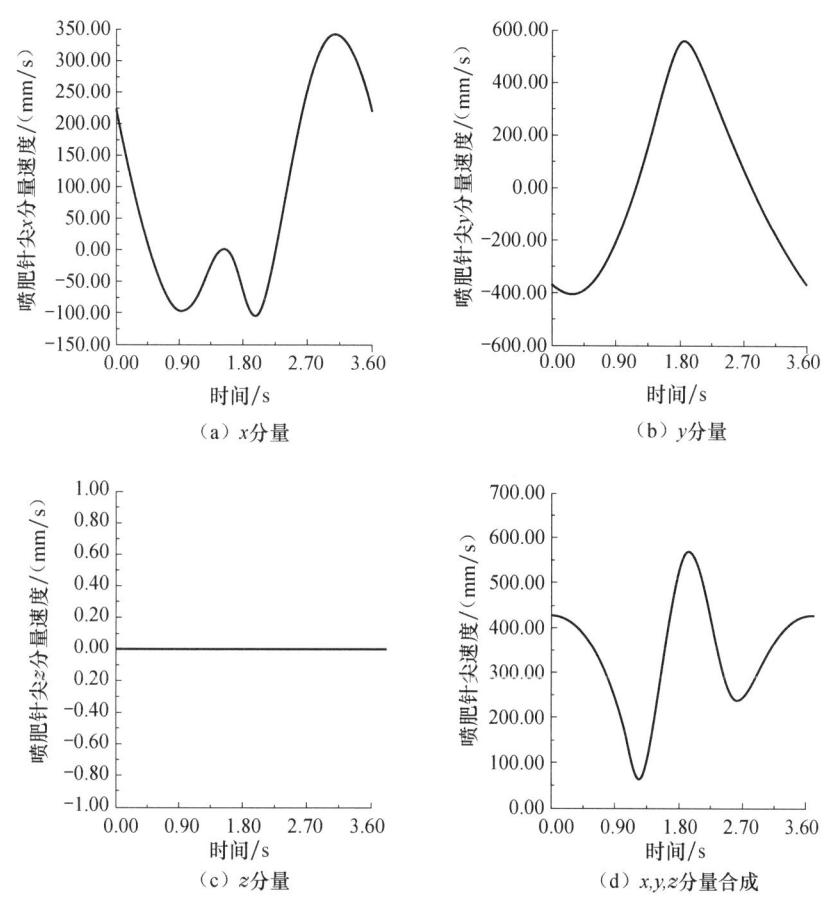

（a）x分量

（b）y分量

（c）z分量

（d）x,y,z分量合成

图4.7 喷肥针尖绝对运动速度变化曲线图

当行星架转速为0.277r/s时，得到喷肥针尖相对运动加速度变化曲线，如图4.8所示。

当行星架转速为0.277r/s，试验台车前进速度为0.08m/s时，得到喷肥针尖绝对运动加速度变化曲线，如图4.9所示。

由图4.6~图4.9可以清晰地看出扎穴机构在一个运动循环中喷肥针尖位置、速度和加速度变化情况，有利于了解扎穴机构的工作性能。因为行星架转速与试验台车前进速度的仿真值与实际数值相差很大，所以图4.6~图4.9速度和加速度曲线只能反映喷肥针尖速度和加速度的变化规律。虽

(a) x分量

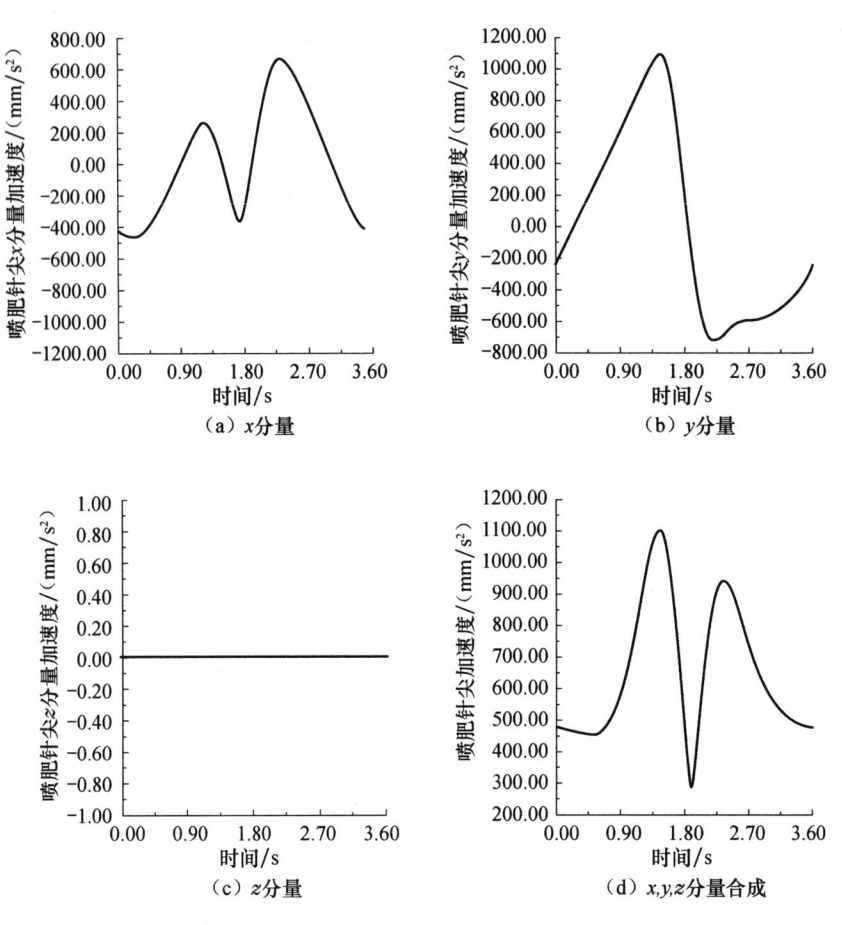

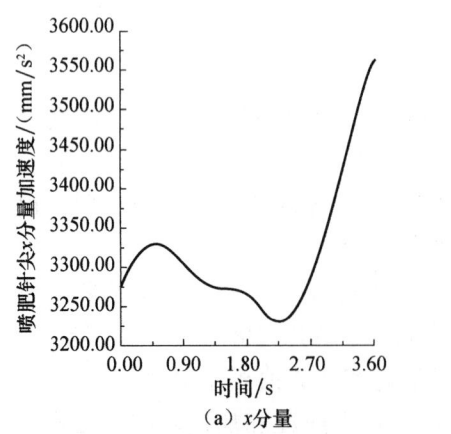

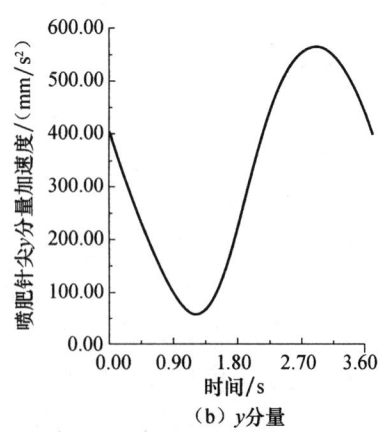

(b) y分量

(c) z分量

(d) x,y,z分量合成

图 4.8　喷肥针尖相对运动加速度变化曲线图

(a) x分量

(b) y分量

(c) z分量　　　　　　　　　　(d) x,y,z分量合成

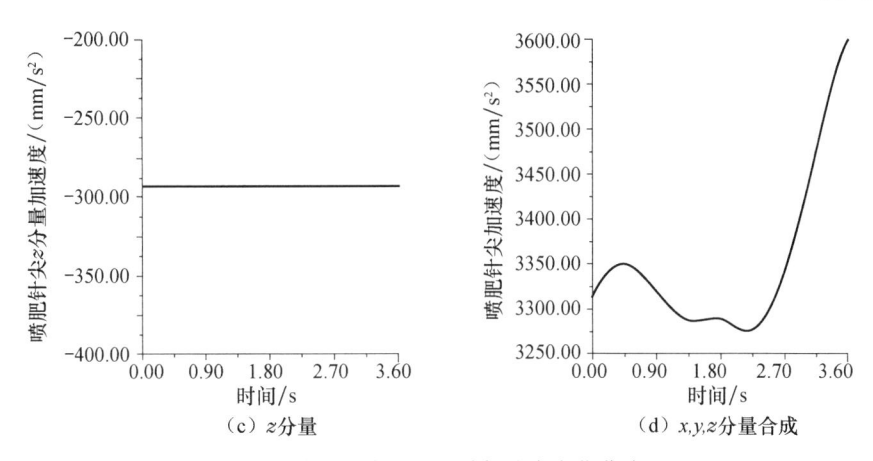

图4.9　喷肥针尖绝对运动加速度变化曲线图

然扎穴机构速度和加速度的具体数值不能确定，但速度和加速度变化规律可为扎穴机构的力学分析提供参考。

4.1.3　扎穴机构ADAMS动力学仿真

Pro/E能够分析扎穴机构在一个运动循环中喷肥针尖各参数的变化情况，但对于扎穴机构在运动过程中椭圆齿轮和正圆齿轮之间受到的作用力，应用Pro/E机构动力学分析功能无法达到理想效果。因此，应用ADAMS对扎穴机构进行动力学仿真，从而近似反映扎穴机构的运动情况。

本书将扎穴机构模型从Pro/E导入ADAMS中，应用ADAMS对扎穴机构的运动情况进行分析。如果将扎穴机构中所有零件都导入ADAMS进行仿真，会使仿真过程很繁琐。因此，忽略不影响仿真结果的零件，如轴承对轴的作用力和椭圆齿轮与正圆齿轮之间的弹性变形。将轴承、螺栓和螺母等零件简化掉，得到扎穴机构ADAMS结构仿真图，如图4.10所示。

将扎穴机构模型从Pro/E导入ADAMS时，需要重新定义质量属性。如果在Pro/E中测量零件的质量后输入到ADAMS中，不但工作量大，也容易出错。因此，在ADAMS质量定义过程中，将零件定义为刚体，选择零件材料为铁。

定义质量属性后，在模型中出现零件名称和质心位置，但模型中原有的装配关系已失效，各零件只是按原来的位置关系独立地存在于ADAMS环境中。因此，必须通过添加运动副将各零件重新装配。应用的运动副如

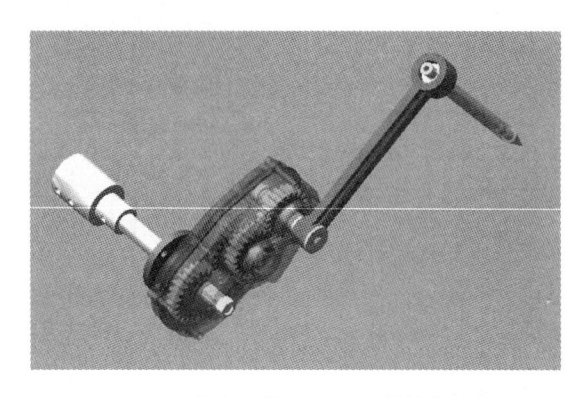

图 4.10　扎穴机构 ADAMS 结构仿真图

下：当扎穴机构相对运动时，在机架与机架之间添加固定副，机架与太阳轮之间添加固定副，齿轮与轴之间添加固定副，轴与行星架之间添加转动副；当扎穴机构绝对运动时，在机架与机架之间添加移动副，其他不变。

根据椭圆齿轮传动特性可知，椭圆齿轮传动比是角位移的函数。因此，在 ADAMS 仿真过程中，太阳轮与椭圆齿轮之间无法添加齿轮副。应用本书应用力库中的"接触"按钮实现太阳轮与椭圆齿轮、正圆齿轮与行星轮之间的连接。接触参数设置如下：接触类型为实体对实体，求解接触力的方法采用冲击函数法，添加接触刚度 $1.0 \times 10^8 \text{N/mm}$，刚度系数 1.5，阻尼 50N-s/mm，接触深度 0.1mm；求解摩擦力的方法采用库仑法，添加静摩擦系数 0.3，动摩擦系数 0.1，静滑移速度 100mm/s，动滑移速度 1000mm/s。在行星架上添加驱动电机后，完成扎穴机构的 ADAMS 仿真模型。添加运动副、接触和驱动力后的扎穴机构模型如图 4.11 所示。

图 4.11　添加约束条件的扎穴机构模型

应用 ADAMS 的 Interactive Simulation Controls 控件对扎穴机构进行动力学仿真，设置求解时间及求解步数如下：结束时间 3.6s，步数 500，选择测绘分析选项卡，ADAMS 自动完成求解过程，得到喷肥针尖运动轨迹曲线，如图 4.12 所示。

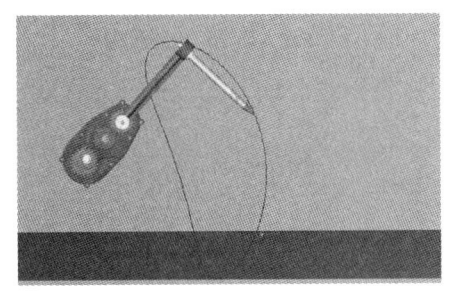

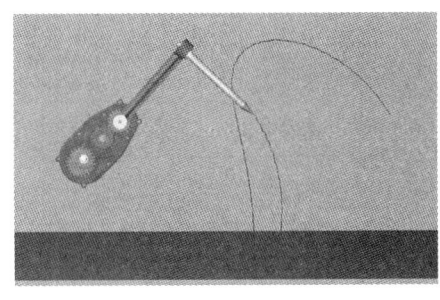

(a) 相对运动　　　　　　　　(b) 绝对运动

图 4.12　喷肥针尖运动轨迹曲线图

如图 4.12 所示，利用 ADAMS 软件获得的喷肥针尖运动轨迹和 Pro/E 软件获得的喷肥针尖运动轨迹形状相似，但是 ADAMS 软件获得的喷肥针尖运动轨迹不光滑，呈现锯齿状。其主要原因在于：

(1) 添加"接触"，齿轮轮齿间接触时，冲击力使齿轮瞬间摆动。

(2) 重合度是角度变化的函数，当重合度增大时，椭圆齿轮传动相对平稳，喷肥针尖曲线比较光滑。

(3) 齿轮在啮合过程中存在齿间间隙。

如图 4.12 (a) 所示，设计的扎穴机构运动过程中各零件并无干涉，齿轮啮合良好；该机构将匀速运动转换为非匀速运动，实现变速传动；喷肥针尖形成的运动轨迹呈"蘑菇"型。如图 4.12 (b) 所示，喷肥针尖从入土时刻到达土壤最深处的曲线和从土壤最深处到达离土时刻的曲线近似，即喷肥针可以沿着入土的运动方向返回，有利于减小喷肥针离土时的阻力。

4.1.3.1　太阳轮受力分析

扎穴机构通过太阳轮与机架连接，可以将扎穴机构简化为悬臂梁。应用 ADAMS 的 Plotting 控件对扎穴机构与机架连接处进行力分析，在不考虑土壤对喷肥针作用力的条件下，分析太阳轮受力情况。当行星架转速为

0.277r/s 时,太阳轮受力情况如图 4.13 所示。

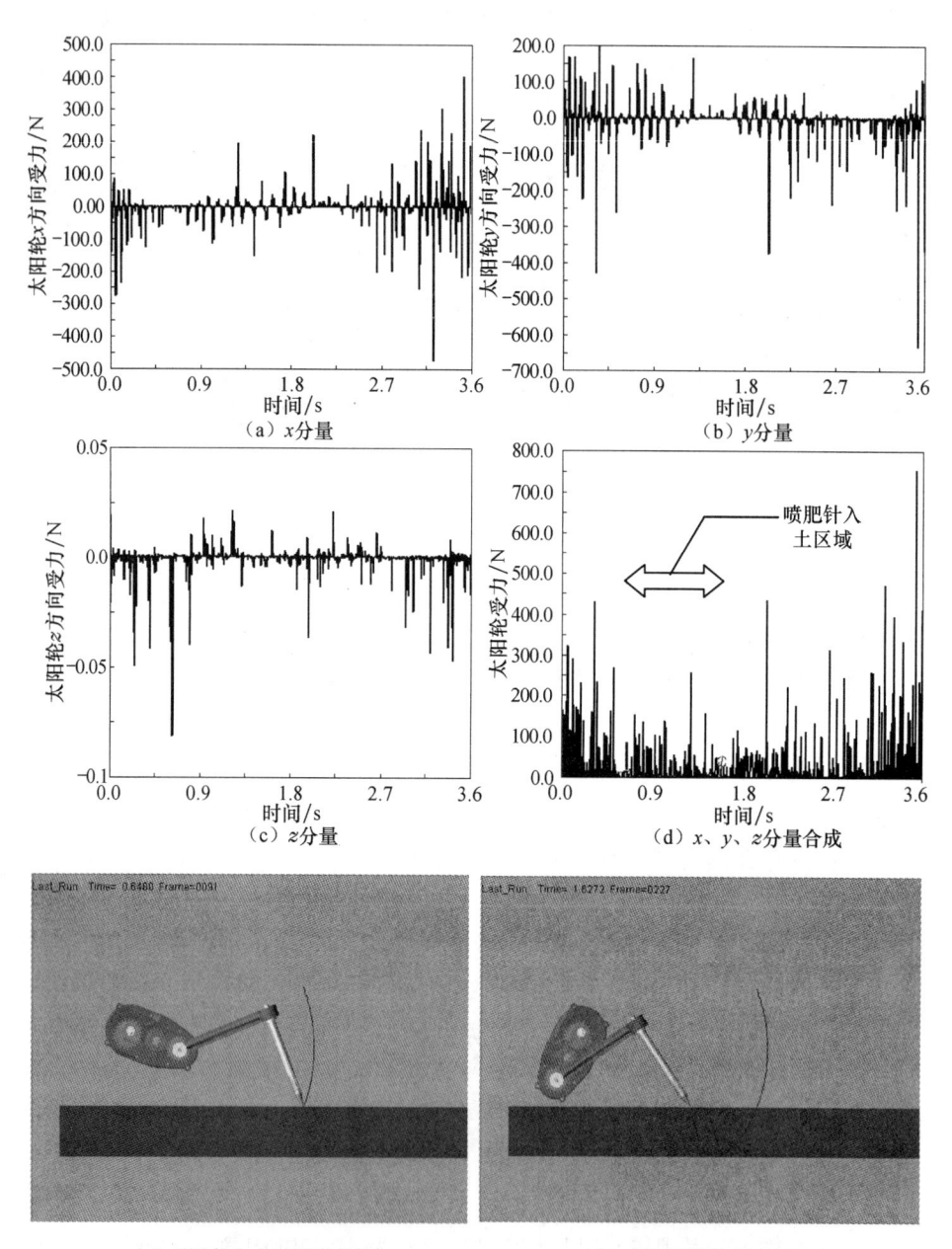

图 4.13 太阳轮受力变化曲线图
（a）x 分量
（b）y 分量
（c）z 分量
（d）x、y、z 分量合成
（e）喷肥针入土时刻仿真图
（f）喷肥针离土时刻仿真图

如图 4.13（a）~（d）所示，曲线均由 501 个观测点组成，点的横坐标表示运行时间，纵坐标表示该时刻机架对太阳轮的作用力。力值瞬间跃迁原因在于：

(1) 冲击力使力值瞬间跃迁。

(2) 扎穴机构采用椭圆齿轮传动，当重合度减小时，力值变化较大。

如图 4.13（a）所示，x 方向力平均值 26.8N，力最大值 471.9N。如图 4.13（b）所示，y 方向力平均值 41.5N，力最大值 639.3N。如图 4.13（d）所示，0~3.6s 机架对太阳轮的作用力平均值 54.2N；在 3.52s 时，力最大值 754.7N，力最大值没有出现在喷肥针入土的时间段；0~1.6s 机架对太阳轮的作用力的跃迁值随时间的增大而减小，1.6~3.6s 力的跃迁值随时间的增大而增大；机架对太阳轮的作用力较大区域为 0~0.5s 和 3.1~3.6s，力平均值分别为 100.2N 和 116.6N；1.2~2.1s 机架对太阳轮的作用力平均值 22.8N，最大值 257.4N。由图 4.13（d）~（f）可知，如果选择 1.2~2.1s 喷肥针入土，扎穴机构可以获得良好的力学特性，但喷肥针尖和行星轮轴连线与行星架的初始夹角增大，行星架转动初始边与 x 轴夹角也增大，此时无法达到入土深度 110mm 的作业要求。在 0.64~1.62s，即喷肥针与土壤接触，机架对太阳轮的作用力平均值 32.2N，小于 0~3.6s 机架对太阳轮的作用力平均值。因此，选择该段时间喷肥针入土，既能满足作业要求，又可以获得较好的力学特性。

应用 ADAMS 的 Plotting 控件对扎穴机构进行动力学仿真，当行星架转速为 0.277r/s 时，机架对太阳轮的力矩如图 4.14 所示。

如图 4.14（a）所示，x 方向力矩最大值 29413.5N·mm，力矩平均值 123.4N·mm。如图 4.14（b）所示，y 方向力矩最大值 18453.5N·mm，力矩平均值 86.8N·mm。如图 4.14（c）所示，z 方向力矩的最大值 15851.9N·mm，力矩平均值 26.2N·mm。如图 4.14（d）所示，0.64~1.62s，喷肥针与土壤接触，机架对太阳轮力矩的最大值 13795.0N·mm，力矩平均值 1350.1N·mm；在 3.53s 时，力矩的最大值 37779.6N·mm，力矩最大值没有出现在喷肥针与土壤接触的时间段。通过分析机架对太阳轮力矩变化关系可为传动装置的设计提供依据。

4.1.3.2 行星轮受力分析

应用 ADAMS 的 Plotting 控件对扎穴机构进行动力学仿真，当行星架转速为 0.277r/s 时，正圆齿轮对行星轮的作用力如图 4.15 所示。

(a) x分量

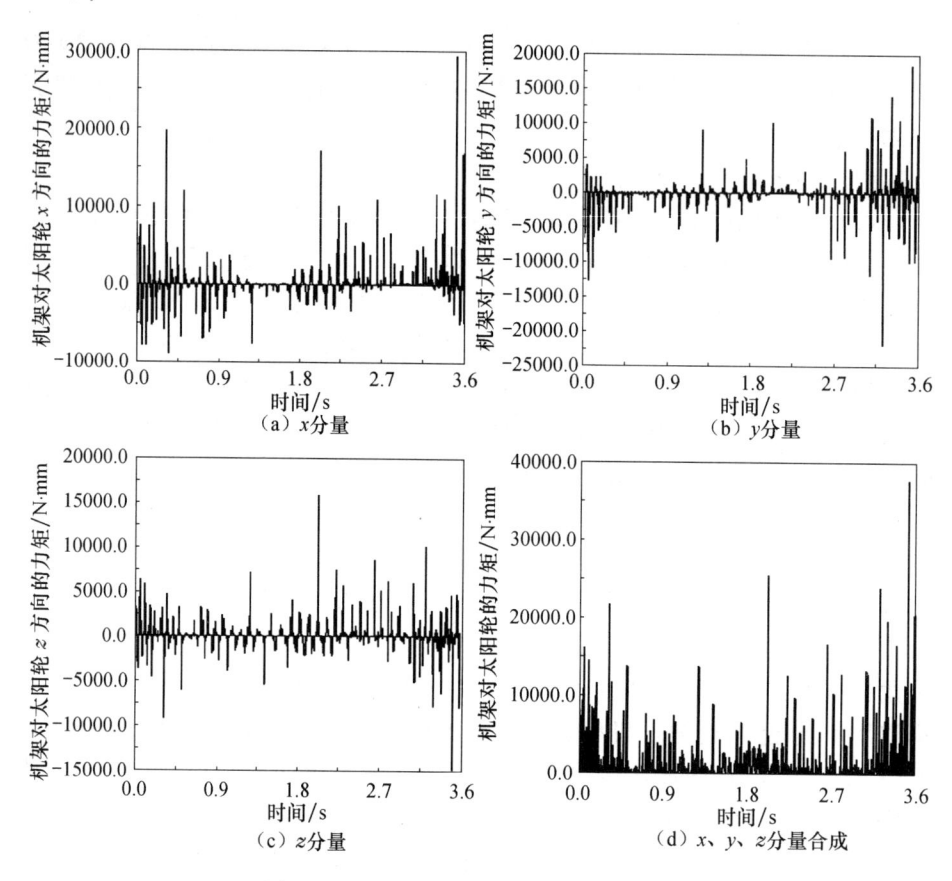

(b) y分量

(c) z分量

(d) x、y、z分量合成

图 4.14　机架对太阳轮的力矩变化曲线图

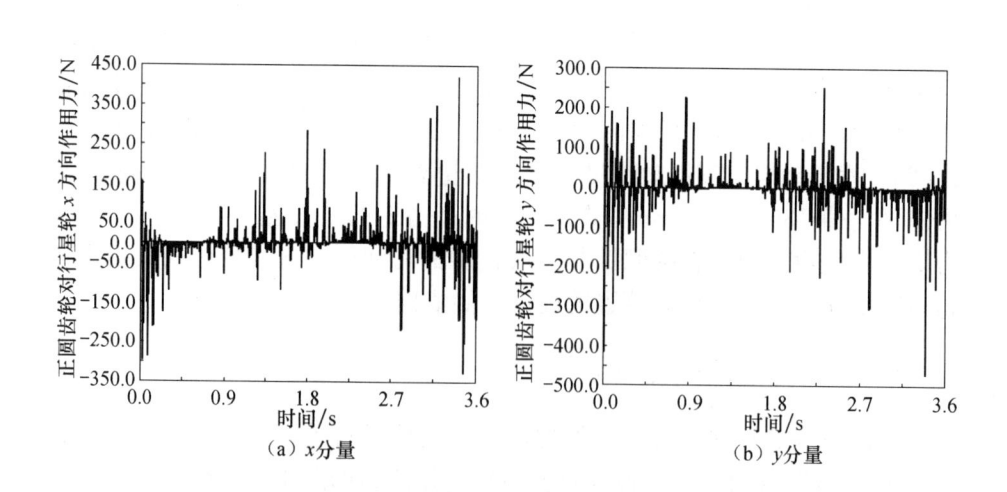

(a) x分量

(b) y分量

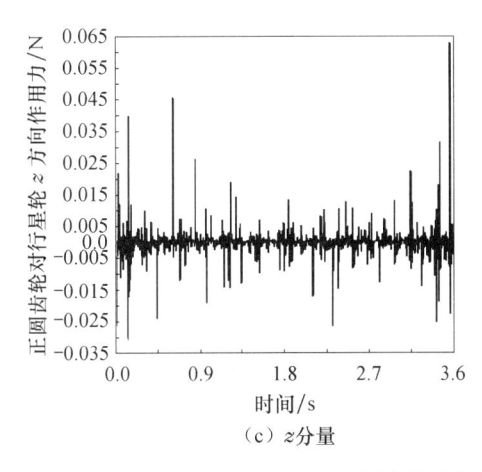

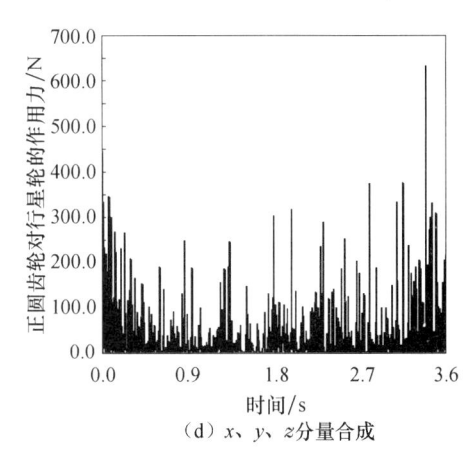

4 关键部件动态仿真及深施型液态施肥装置设计

(c) z分量

(d) x、y、z分量合成

图 4.15 正圆齿轮对行星轮的作用力变化曲线图

如图 4.15（a）所示，x 方向力平均值 21.5N，力最大值 426.9N。如图 4.15（b）所示，y 方向力平均值 20.3N，力最大值 470.2N。如图 4.15（d）所示，0~3.6s 扎穴机构对机架作用力平均值 38.6N；在 3.40s 时，力最大值 635.2N，力最大值没有出现在喷肥针入土的时间段。在 0.64~1.62s，即喷肥针与土壤接触，扎穴机构对机架作用力平均值 25.5N，小于 0~3.6s 正圆齿轮对行星轮的作用力平均值。

应用 ADAMS 的 Plotting 控件对扎穴机构进行动力学仿真，当行星架转速为 0.277r/s 时，行星轮对行星轮轴的力矩如图 4.16 所示。

如图 4.16（a）所示，x 方向力矩的最大值 30562.6N·mm，力矩平均值 132.2N·mm。如图 5.16（b）所示，y 方向力最大值 27751.7N·mm，力矩平均值 74.7N·mm。如图 5.16（c）所示，z 方向力矩的最大值

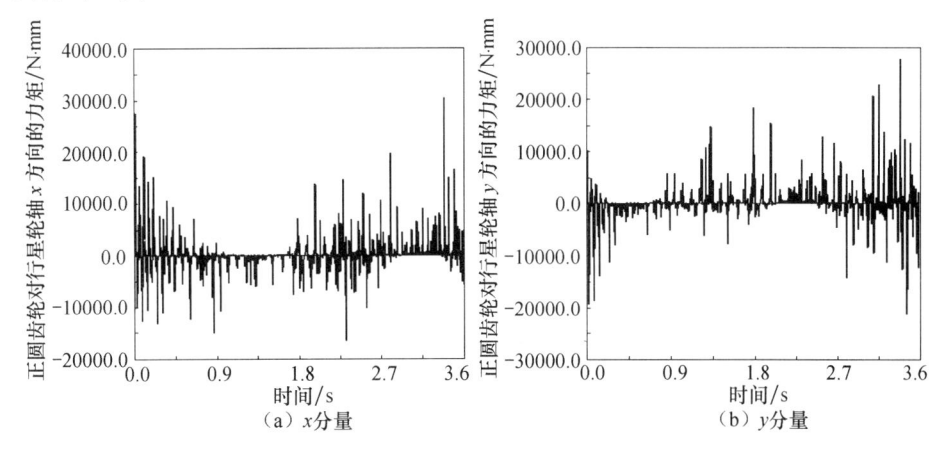

(a) x 分量

(b) y 分量

(c) z 分量　　　　　　　　　(d) x、y、z 分量合成

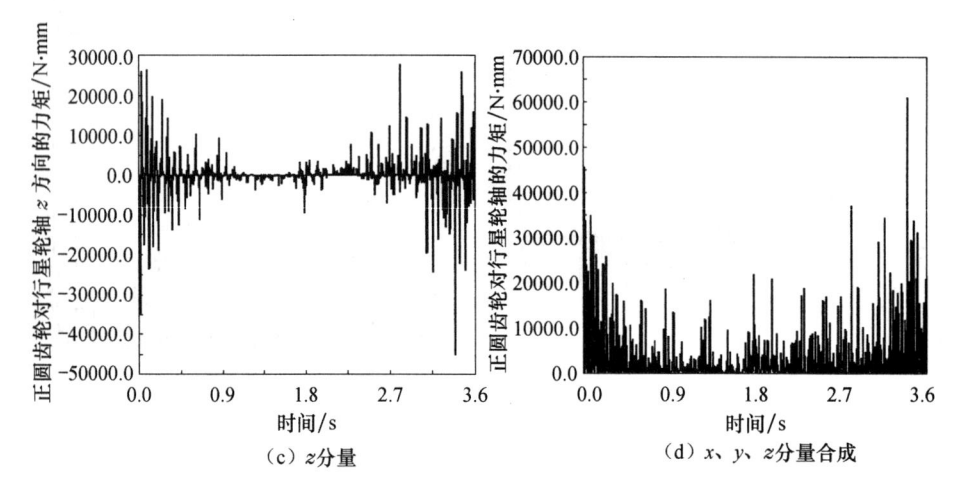

图 4.16　正圆齿轮对行星轮轴的力矩变化曲线图

45073.7N·mm，力矩平均值 13.9N·mm。如图 5.16（d）所示，0.64～1.62s，喷肥针与土壤接触，正圆齿轮对行星轮轴的力矩最大值 18592.3N，力矩平均值 2536.4N·mm；在 3.40s 时，力矩最大值 61121.7N·mm，力矩最大值没有出现在喷肥针与土壤接触的时间段。通过分析正圆齿轮对行星轮轴的力矩变化关系可为摇臂长度与喷肥针长度的确定提供数据支持。

4.2　分配器的动态仿真

应用 Visual Basic 6.0 软件绘制凸轮轮廓曲线时，压力角、最小曲率半径能否满足设计要求和凸轮机构在分配器上的运动情况需要通过三维实体建模仿真来实现。将 Visual Basic 6.0 编程得出的凸轮轮廓曲线导入 Pro/E 中，应用 Pro/E 绘制分配器各零部件的三维实体图和机构装配图，对分配器的运动情况进行运动学分析。将模型导入 ADAMS 软件中，应用 ADAMS 软件对分配器进行动力学分析。

4.2.1　凸轮的 Pro/E 设计与仿真

将凸轮轮廓曲线转换到 Pro/E 中生成凸轮轮廓样条曲线，应用 Pro/E 设计分配器凸轮，其结构仿真图如图 4.17 所示。

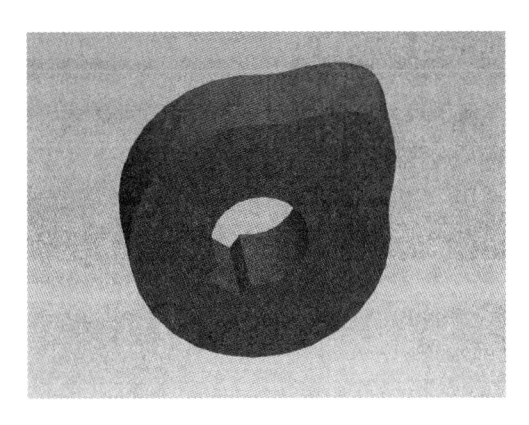

图 4.17 凸轮轮廓曲线

4.2.2 分配器 Pro/E 运动学仿真

根据设计的凸轮，应用 3.3.2 节中介绍的分配器优化参数 $e=0$ 和 $r=8$mm，应用 Pro/E 设计分配器，其结构仿真图如图 4.18 所示。

图 4.18 分配器 Pro/E 结构仿真图

应用 Pro/E 机构模块对分配器进行干涉检验。检验结果表明，设计的分配器运转过程并无干涉。应用 Pro/E 机构模块对分配器进行运动学仿真，得出的凸轮压力角和曲率变化曲线如图 4.19 所示。阀芯位置、速度和加速度变化曲线如图 4.20 所示。

由图 4.19（a）可知，在 0.3~1.1s，凸轮处于推程和回程状态，凸轮机构运动形式为简谐运动，且凸轮机构偏距为 0mm。因此，凸轮推程和回

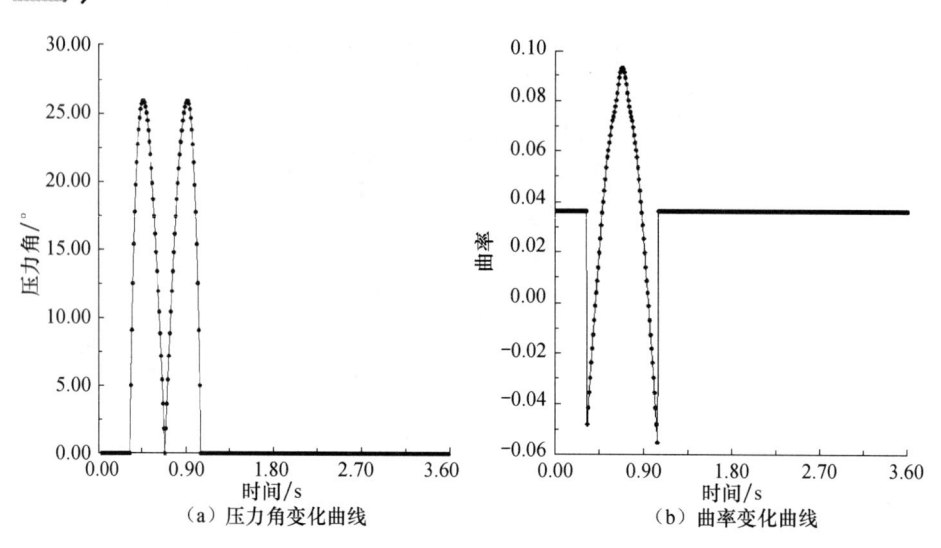

图 4.19 凸轮压力角和曲率变化曲线

(a) 压力角变化曲线
(b) 曲率变化曲线

程压力角变化规律相同，变化范围 0°～26°；因为凸轮推程许用压力角 35°、回程许用压力角 45°，所以本书设计的凸轮机构推程和回程压力角均小于许用压力角。由图 4.19（b）可知，凸轮的最大曲率 0.095，最小曲率半径 10.5mm；因为滚子半径 8mm，小于最小曲率半径，所以滚子直径满足设计要求。

由图 4.20（a）可知，阀芯的行程 10mm；当阀芯运动距离大于 2.5mm 时，0.45～0.9s，阀芯上的液态肥输出孔将供液管与出液管接通，

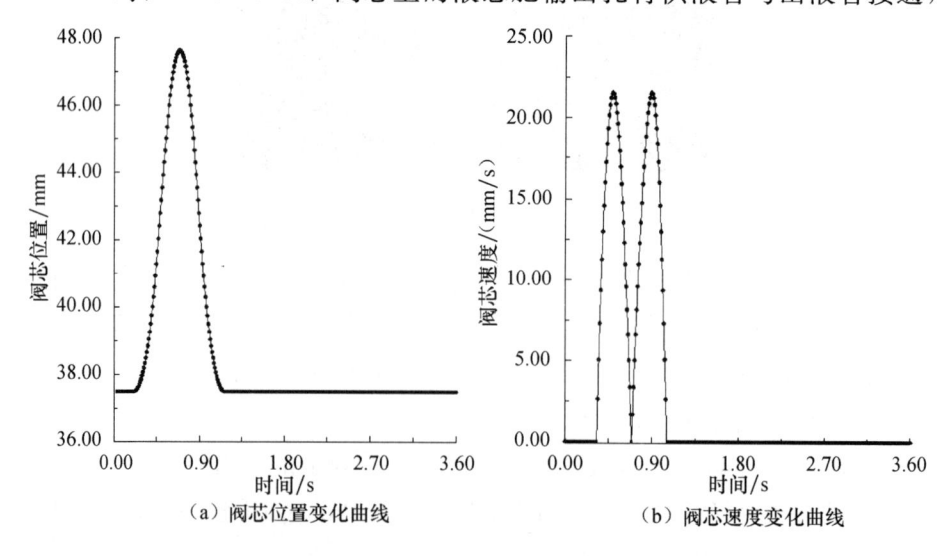

(a) 阀芯位置变化曲线
(b) 阀芯速度变化曲线

4 关键部件动态仿真及深施型液态施肥装置设计

（c）阀芯加速度变化曲线

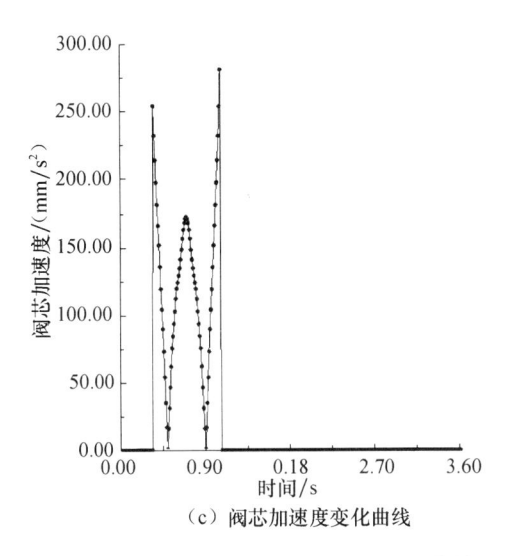

图 4.20　阀芯位置、速度和加速度变化曲线

完成液态肥的喷施作业。图 4.20（b）、（c）可以清晰地反映阀芯在 3.6s 内速度和加速度的变化情况；在 0.3～1.1s，加速度有突变，突变最大值为 275mm/s²，但行星架转速仿真值和实际值相差很大，所以图 4.20（b）、（c）只能反映阀芯速度和加速度的变化规律。

4.2.3　分配器 ADAMS 动力学仿真

在分配器的设计过程中，除了考虑凸轮机构运动条件，还要考虑凸轮和滚子表面所承受的载荷类型及其大小。由于分配器凸轮机构工作载荷和惯性力使阀芯发生变形和产生振动。从而导致凸轮机构的几何性能有较大偏差，所以在设计凸轮机构时需要对其进行动力学分析。本书将分配器模型从 Pro/E 导入 ADAMS 中，应用 ADAMS 对分配器的运动情况进行分析。忽略轴承对轴的作用力，将轴承简化掉，这对仿真结果影响不大。导入 ADAMS 后的分配器模型如图 4.21 所示。

ADAMS 质量定义过程中，将零件定义为刚体，选择零件材料为铁。定义质量属性后，在模型中出现零件名称和质心位置，通过添加运动副将各零件重新装配。应用的运动副如下：凸轮轴与壳体之间添加转动副，阀芯与阀套之间添加移动副，其他零件之间添加固定副。凸轮与滚子之间添加"接触"，接触参数设置如下：接触类型为实体对实体，求解接触力的方

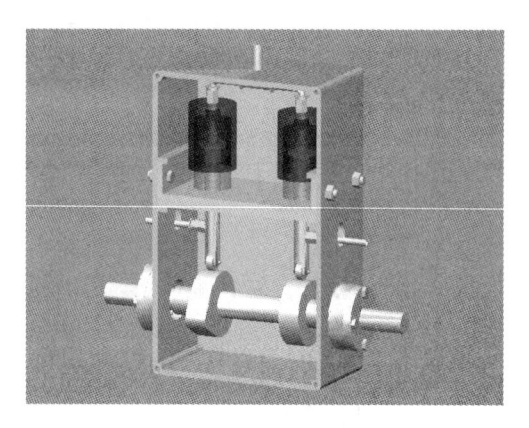

图 4.21　分配器 ADAMS 仿真图

法采用冲击函数法,添加接触刚度 1.0×10^5 N/mm,刚度系数 1.0,阻尼 5N-s/mm,接触深度 0.001mm。阀座与阀芯之间添加"弹簧",弹簧参数设置如下:劲度系数 13N/mm,阻尼 5N-s/mm。在凸轮轴上添加驱动电机后,完成分配器的 ADAMS 仿真模型。添加运动副、接触和驱动力后的分配器模型如图 4.22 所示。

图 4.22　添加约束条件的分配器模型

应用 ADAMS 的 Interactive Simulation Controls 控件对分配器进行动力学仿真,设置求解时间及求解步数如下:结束时间 3.6s,步数 500,选择测绘分析选项卡,ADAMS 自动完成求解过程。当凸轮轴转速为 0.277r/s 时,分配器凸轮对阀芯作用力和力矩如图 4.23 所示。

4 关键部件动态仿真及深施型液态施肥装置设计

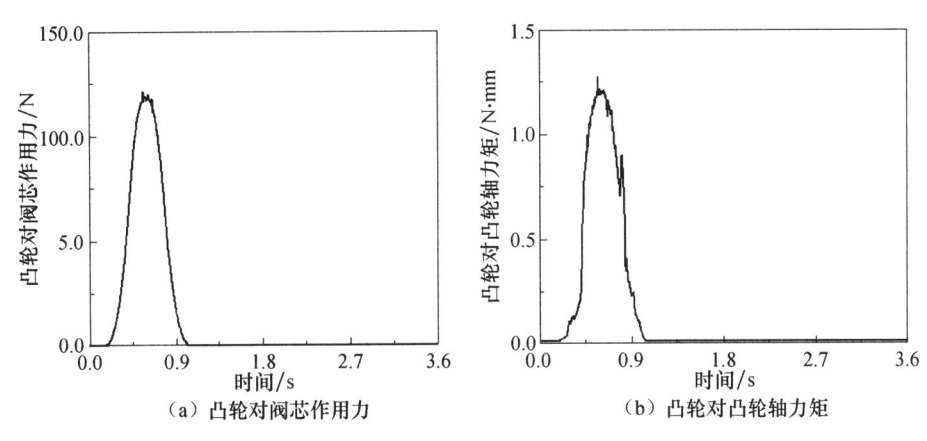

图4.23 凸轮对阀芯作用力和凸轮对凸轮轴力矩变化曲线
(a) 凸轮对阀芯作用力
(b) 凸轮对凸轮轴力矩

如图4.23（a）所示，在0.3~0.7s，凸轮处于推程状态，阀芯克服弹簧力的作用将供液管与出液管接通，凸轮对阀芯的作用力随着推程距离的增大而增大，最大值121.8N；在0.7~1.1s，凸轮处于回程状态，凸轮对阀芯的作用力逐渐减少，阀芯在弹簧力的作用下将供液管与出液管阻断，凸轮对阀芯的作用力随着回程距离的增大而减小；当凸轮处于近休状态时，凸轮与滚子之间的相对位置没有发生改变。因此，在1.1~3.6s和0~0.3s，凸轮对阀芯作用力为零。分配器在实际工作时，弹簧对阀芯施加弹力，使滚子紧压在凸轮上，从而保证阀芯完全按凸轮轮廓曲线变化规律运动，所以凸轮对阀芯的作用力实际值略大于仿真值。通过分析凸轮对阀芯的作用力变化关系可为分配器弹簧的选择提供参考。如图4.23（b）所示，在0.3~0.7s，凸轮处于推程状态，凸轮对凸轮轴力矩随着推程距离的增大而增大，最大值1.27N·mm；在0.7~1.1s，凸轮处于回程状态，凸轮对凸轮轴力矩随着回程距离的增大而减小。通过分析凸轮对凸轮轴力矩变化关系可为传动装置的设计提供依据。

4.3 深施型液态施肥装置试验台Pro/E设计

由深施型液态施肥机关键部件扎穴机构和分配器仿真结果可知，设计的扎穴机构和分配器既能满足工作要求，又具有较好的力学特性，但扎穴机构和分配器在深施型液态施肥装置试验台上装配关系和位置关系的正确性需要在试验台设计时重点考虑。为了快速、方便地采集试验数据，设计的深施型液态施肥装置试验台应具备以下功能：①试验台车能够在土槽上往复运动，且运动速度可以自由调节；②试验台车驶出试验测区时自动停车；③土槽两侧需加装挡板，防止停车后惯性过大而造成试验台车损坏；④扎穴机构行星架的转速可以自由调节；⑤液泵压力可以自由调节。根据上述功能，通过创新构思、优化筛选确定理想的工作原理，对选定的工作原理进行动作构思和工艺分解，对完成各工艺动作的执行机构进行动作协调分析，进行机构的选型、创新与组合，构思出各种可能的运动方案，并通过方案评价选择最佳方案。根据试验台的特点、作物特点和液态肥喷施的农艺要求，设计的深施型液态施肥机扎穴机构扎穴位置距离苗带50mm，两扎穴机构的距离600mm，扎穴深度100～120mm，穴距200～320mm；设计的分配器能够保证喷肥针入土时喷施液态肥、离土时停止喷施液态肥；设计的喷肥针既能保证施肥的有效性，又能避免无谓的浪费；液泵工作压力0.2～0.6MPa，试验台车前进速度小于1.5m/s。在满足上述条件的基础上，设计的深施型液态施肥装置试验台以结构紧凑、方便轻巧为目标，应用Pro/E软件设计深施型液态施肥装置试验台，如图4.24所示。

图4.24 深施型液态施肥装置试验台仿真图

4.3.1 深施型液态施肥装置试验台结构及工作流程

深施型液态施肥装置试验台主要用于扎穴试验和喷肥试验，主要由试

4 关键部件动态仿真及深施型液态施肥装置设计

验台车、电动机、变频器、传动装置、行程开关、分配器、喷肥针、扎穴机构、扭矩传感器、液箱、截止阀、过滤器、液泵、电磁流量计等部件组成，结构如图4.25所示。

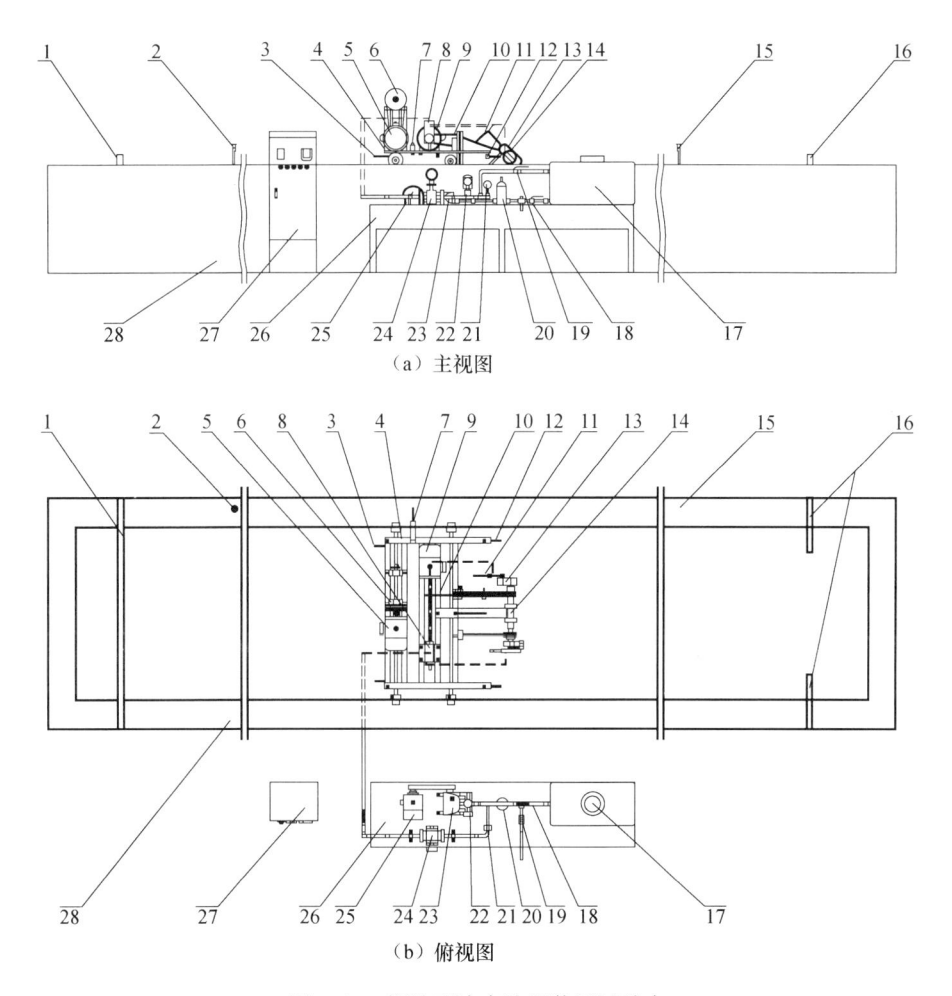

（a）主视图

（b）俯视图

图4.25 深施型液态施肥装置试验台

1、16.挡板；2、15.限位杆；3、12.缓冲装置；4.试验台车；5、9、25.电动机；6、10.传动装置；7.行程开关；8.分配器；11.喷肥针；13.扎穴机构；14.扭矩传感器；17.液箱；18、19.截止阀；20.过滤器；21、22.压力表；23.液泵；24.电磁流量计；26.试验台架；27.变频柜；28.土槽

试验台安装3台电动机，电动机5和电动机9的转速由变频柜控制。电动机5经传动装置6控制试验台车在土槽的导轨上往复行驶。行程开关

固装在试验台车一侧，与限位杆接触时停止试验台车运动。挡板 1 和挡板 16 分别位于土槽的两侧，与缓冲装置 3 和缓冲装置 12 接触时压缩缓冲装置弹簧，防止试验台车和扎穴机构撞击土槽而损坏。电动机 9 经传动装置 10 控制扎穴机构和分配器。扭矩传感器装配在两扎穴机构之间，用于测量喷肥针工作时与土壤作用力。喷肥针固装在扎穴机构的摇臂上，扎穴机构带动喷肥针运动。分配器通过凸轮轮廓曲线保证喷肥针入土时喷肥，离土时停止喷肥。液箱固定在试验台架上，液箱与电动机 25 驱动的液泵之间依次连接截止阀 18 和过滤器，从液泵口出来的高压液态肥经过两条支路，一条经过截止阀 19 回到液箱，另一条通过电磁流量计和分配器后从喷肥针的喷孔喷出。压力表 21 安装在液泵和电磁流量计之间，用于测量工作压力。压力表 22 固装在液泵上，用于显示液泵口压力。

扎穴试验时，调节变频柜的控制面板，使扎穴机构行星架转速与试验台车前进速度符合试验要求。先后启动电动机 9 和电动机 5，扎穴机构行星架开始转动，试验台车从右到左驶入试验测区，扎穴机构带动喷肥针往复插入土槽的土壤中。当行程开关与限位杆 2 接触时，电动机 5 停止转动，试验台车因惯性继续行驶一段距离后停止。停止电动机 9，扎穴机构停止工作，此时，进行沟痕宽度、穴距和入土深度的测量工作。记录数据后，改变电动机 5 的转动方向，使试验台车驶回试验测区右侧。当行程开关与限位杆 15 接触时，电动机 5 停止转动。改变电动机转动方向，完成一次扎穴试验数据采集任务。

喷肥试验时，接通电磁流量计电源，启动电动机 25，液泵开始工作。调节截止阀 19 开度的大小，使压力表 21 的示数符合试验要求。当压力表和电磁流量计的示数稳定时，进行流量、累计流量的采集。记录数据后，停止电动机 25 转动，液泵停止工作，完成一次喷肥试验数据采集任务。

4.3.2 试验台辅助装置结构简介

深施型液态施肥装置试验台是由多种装置组成的系统，这些装置彼此协调配合完成深施液态肥的任务。根据深施型液态施肥装置试验台所要求的动作、运动变换形式及运动规律，合理安装关键部件与辅助部件直接影响施肥效果、试验台使用情况、结构的繁简程度及试验成本等。因此，辅助装置的设计与关键部件的设计同样重要。深施型液态施肥装置试验台主要由传动装置、限位装置、缓冲装置等辅助装置组成。

4.3.2.1 传动装置

深施型液态施肥装置的传动装置包括两部分,即驱动深施型液态施肥装置在土槽的导轨上往复行驶的传动装置和控制扎穴机构、分配器工作的传动装置。传动装置在深施型液态施肥装置上的位置如图4.26所示。

图 4.26 深施型液态施肥装置仿真图

驱动深施型液态施肥装置在土槽的导轨上往复行驶的传动装置由带传动和链传动组成,电动机经带传动和链传动将动力传递到深施型液态施肥装置的前轮轴上;控制扎穴机构和分配器工作的传动装置为链传动,电动机通过长轴驱动分配器转动,通过链传动将动力传递到扎穴机构的驱动轴上,从而将分配器和扎穴机构有机地联系起来,实现能量传递和运动形式的转换。

4.3.2.2 限位装置

限位装置由限位杆和行程开关组成,限位杆固装在土槽的两侧,行程开关固装在试验台车一侧。当行程开关与限位杆接触时,驱动深施型液态施肥装置往复行驶的电动机自动断电,试验台车停止运动。限位装置结构如图4.27所示。

图 4.27　限位装置仿真图

4.3.2.3　缓冲装置

缓冲装置由弹簧、螺栓和固定架组成，位于试验台架前后两侧。试验台车停车后存在惯性，试验台车会继续行驶一段距离，当缓冲装置与土槽两侧挡板接触时压缩缓冲装置弹簧，防止试验台车和扎穴机构撞击土槽而损坏。缓冲装置结构如图 4.28 所示。

图 4.28　缓冲装置仿真图

5 深施型液态施肥装置施肥过程高速摄像判读分析

由于扎穴运动和喷肥过程属于高速运动，应用试验方法很难记录或观察扎穴机构的运动轨迹和喷肥瞬间情况。为了在扎穴和喷肥试验前更好地在深施型液态施肥装置试验台上观察和研究喷肥效果，为后续试验研究奠定基础，本书采用高速摄像的方法对扎穴和喷肥的工作过程进行拍摄，借助高速摄像技术及图像处理技术对扎穴和喷肥的运动规律进行深入研究。通过对图像加工和处理，得到喷肥针尖运动轨迹。通过观察喷肥过程，可以进一步揭示分配器通断时间与喷肥针入土离土时间之间的规律，便于优化分配器和喷肥针结构参数，从而降低施肥过程施肥损失率。

5.1 系统选型

目前，高速运动物体图像数据采集的方法有高速摄影法、高速摄像法和普通摄像加特殊照明灯法三种。三种方法均能够记录物体的高速运动过程，但普通摄像加特殊照明灯法需要设计特殊的同步控制装置，主要用于某些需要获取瞬间图像的场合；高速摄影法是利用胶片分析技术对图片进行加工处理，工作量大，分析周期长，自动化程度低；高速摄像法是利用计算机对拍摄的图像进行处理，随着计算机处理器能力的增加，存储容量的增大，高速摄像法得到广泛的发展和应用。因此，本书采用高速摄像对深施型液态施肥装置施肥过程进行判读分析。

5.2 材料与方法

5.2.1 试验材料

施肥装置高速摄像系统主要由高速摄像机、照明灯、计算机和深施型液态施肥装置试验台组成。

1. 高速摄像机

高速摄像机采用 Phantom V5.1 型彩色 CCD 摄像机,系统容量为 4GB,在分辨率为 1024×1024 下最大帧频可达 1200f/s,支持 1000M 以太网传输协议。本书施肥过程拍摄分辨率为 1024×1024,帧频 800f/s,应用 100M 以太网线与 PC 机进行通讯。

2. 照明灯

高速摄像机曝光时间非常短,必须采用特殊光源照明。光源对高速摄像机成像起重要作用,普通日灯光和自然光下采集的图像全黑,无法进行图像的识别和处理,而用新闻灯能采集到清晰图像。由于新闻灯的寿命短,安全性能差,不适合长期的拍摄,所以在拍完一个工作循环后,需要关闭新闻灯电源,避免长期使用。为了减少阴影的形成,本书在拍摄部位两侧布置两盏新闻灯。

3. 计算机

计算机主要完成施肥过程图像的实时采集、保存,并对采集的图像进行处理,要求计算机有较高的配置。本书采用 PC 机作为高速摄像的计算机单元,CPU 采用 Pentium(R) 2.0GHz,二级缓存 4MB,内存 2GB,硬盘容量为 160GB,显示卡 AGP 256MB,使其有较快的数据处理速度,满足图像采集和处理工作的要求。

4. 深施型液态施肥装置试验台

深施型液态施肥装置试验台主要由试验台车、电动机、分配器、喷肥针和扎穴机构等部件组成,能够完成扎穴和喷肥试验,可以自由调节试验台车往复运动速度和行星架转速。为了清晰地采集深施型液态施肥装置施肥过程的运动图像,高速摄像机与深施型液态施肥装置均处于静止状态,扎穴机构处于工作状态。深施型液态施肥装置试验台高速摄像拍摄位置如图 5.1 所示。

5.2.2 试验方法

调节行星架转速 110r/min,液泵压力 0.3MPa,分配器阀芯孔直径 3mm,

5 深施型液态施肥装置施肥过程高速摄像判读分析

图 5.1 深施型液态施肥装置试验台高速摄像拍摄位置

喷肥针孔直径 2mm，在图 5.1 拍摄位置拍摄不同转速水平下，分配器分配液态肥的规律和停喷后液态肥的损失情况，应用图片叠加的方法得到一个周期内喷肥针尖的运动轨迹。试验在东北农业大学工程学院农具实验室内进行。

5.3 高速摄像判读分析

5.3.1 液态肥喷施过程

为了清晰观察喷肥针喷肥过程与扎穴机构扎穴过程的同步性，检验分配器分配液态肥的规律，选取高速摄像拍摄的 10 帧图片进行判读分析，图片时间间隔为 0.01s，如图 5.2 所示。

（a）0.16s  （b）0.17s

(c) 0.18s　　　　　　　　(d) 0.19s

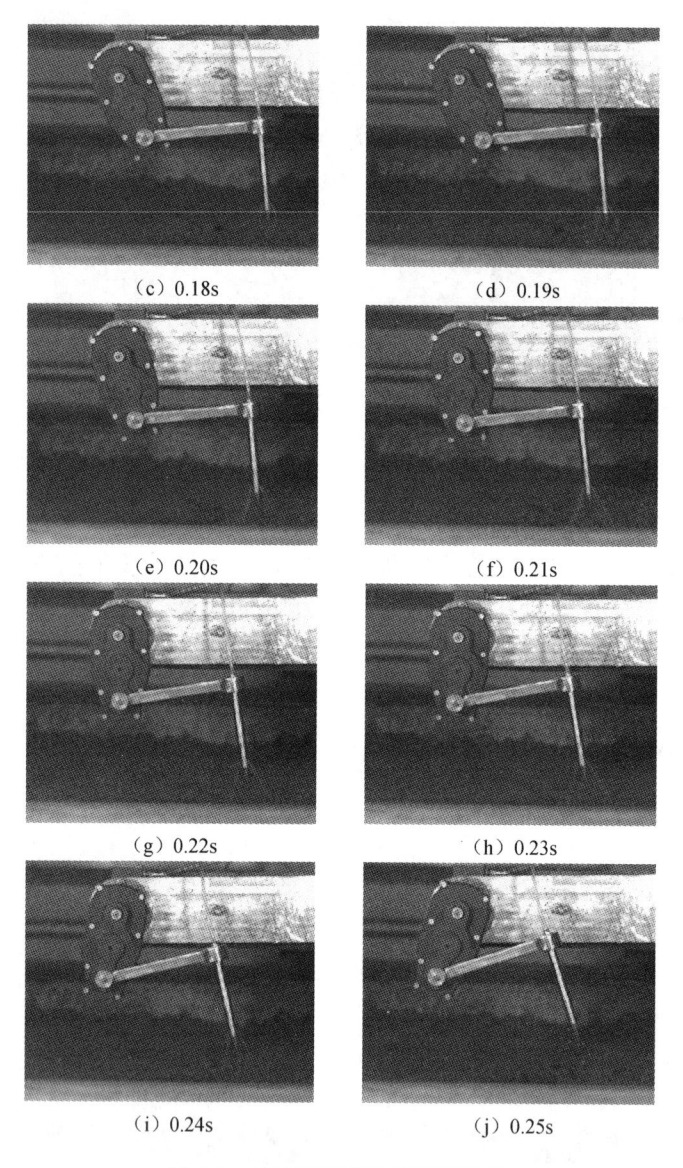

(e) 0.20s　　　　　　　　(f) 0.21s

(g) 0.22s　　　　　　　　(h) 0.23s

(i) 0.24s　　　　　　　　(j) 0.25s

图 5.2　液态肥喷施过程系列图片

图 5.2 记录的是喷肥针进入土壤区 0.16~0.25s，液态肥从喷肥针孔喷出到停喷的过程。喷肥针孔进入土壤时，分配器凸轮处于推程状态，阀芯克服弹簧力的作用逐渐将供液管与出液管接通，随着阀芯孔开度的逐渐增大，液态肥的流量也逐渐增大，如图 5.2（a）~（d）所示；当 0.21~0.22s 时，阀芯孔达到最大开度，液态肥流量达到最大值，如图 5.2（e）~（g）

所示；当凸轮处于回程状态时，在弹簧作用下阀芯逐渐将供液管与出液管阻断，随着阀芯开度的逐渐减小，液态肥的流量逐渐减小，如图 5.2 (h)、(i) 所示；喷肥针孔离开土壤时，分配器阀芯孔处于封闭状态，喷肥针停止喷施液态肥，喷出的液态肥在重力作用下从喷肥针孔流出，如图 5.2 (j) 所示。由图 5.2 可知，喷肥针喷肥过程与扎穴机构扎穴过程具有较好的同步性；行星架转速为 110r/min，扎穴机构转动一周时间为 0.55s，液态肥的喷肥时间为 0.1s，喷肥时间与停喷时间比为 2∶9；因为喷肥针孔未进入土壤时不能进行喷肥作业，所以喷肥针喷肥时间应小于喷肥针入土时间，符合喷肥针入土时间和离土时间比 1∶4 的设计要求。因此，分配器的设计满足作业要求。

5.3.2 液态肥施肥损失

液态肥施肥损失率是衡量作业质量的重要指标，为了观察液态肥的施肥损失情况和检验喷肥针的截止效果，选取高速摄像拍摄的 6 帧图片进行判读分析，图片时间间隔 0.03s，如图 5.3 所示。

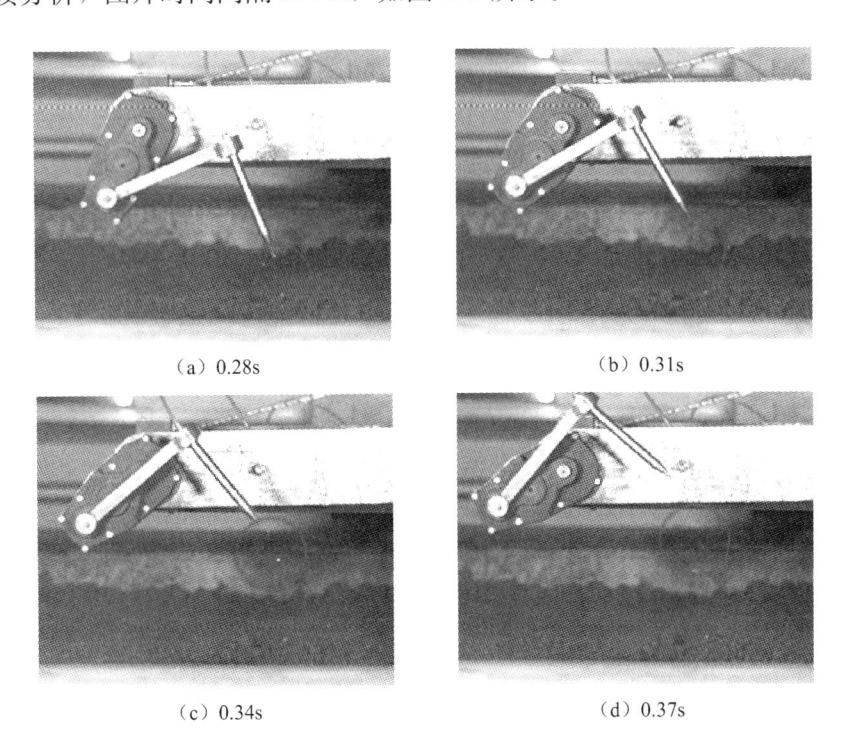

(a) 0.28s

(b) 0.31s

(c) 0.34s

(d) 0.37s

(e) 0.4s 　　　　　　　　　　(f) 0.43s

图 5.3　液态肥施肥损失系列图片

如图 5.3 所示，圆圈内的亮点为液态肥。在 0.28s 时，分配器阀芯孔处于封闭状态，喷肥针停止喷施液态肥，液滴状的液态肥表明喷肥针具有良好的截止效果，如图 5.3（a）所示；由于液态肥具有惯性，喷肥针阀座下腔室内的液态肥保持原有运动状态，沿着喷肥针尖的运动方向运动，使无序的滴状液态肥划出运动轨迹的形状，如图 5.3（b）～（d）所示；在 0.4s 时，液态肥的运动速度为零，在重力的作用下开始下落，最后落入土壤中，如图 5.3（e）、（f）所示。虽然喷肥针具有良好的截止效果，但喷肥针阀座下腔室内的液态肥会随喷肥针的运动而未喷施到预定位置，造成施肥损失。在 1∶1 比例的图片中，损失的滴状液态肥直径均小于 2mm，图 5.3 中的液态肥液滴数量 23 滴，损失的液态肥体积 0.096mL，仅为施肥量的 4.8‰。该结果表明，设计的分配器和喷肥针能够达到喷肥试验的设计要求。

5.3.3　喷肥针尖运动轨迹

喷肥针尖运动轨迹合理性直接影响扎穴质量的好坏。为了观察喷肥针尖运动轨迹，选取高速摄像拍摄的 90 帧图片进行判读分析，图片时间间隔为 0.006s，得到的喷肥针尖运动轨迹如图 5.4 所示。

将获得的 90 帧图片导入 Adobe Photoshop 7.0 软件进行图片叠加处理，顺次连接喷肥针尖点得到羽化后的喷肥针尖运动轨迹，如图 5.4（a）所示；将 89 帧喷肥针尖图层隐去，得到喷肥针尖真实运动轨迹，在 1∶1 比例的图片中，喷肥针尖轨迹宽度变化量为 256mm，高度变化量为 502mm，如图 5.4（b）所示；ADAMS 软件仿真得出的喷肥针尖运动轨迹

5 深施型液态施肥装置施肥过程高速摄像判读分析

(a) 叠加图片形成的运动轨迹　　(b) 喷肥针尖真实运动轨迹

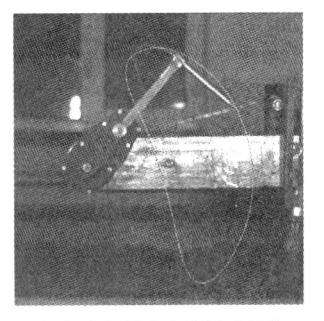

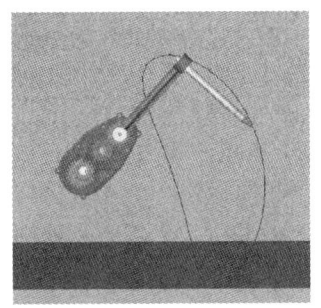

(c) 喷肥针尖仿真运动轨迹

图 5.4　喷肥针尖运动轨迹

x 分量位置变化量为 253.7mm，y 分量位置变化量为 504.9mm，如图 5.4(c) 所示。喷肥针尖真实运动轨迹与仿真运动轨迹高度值和宽度值近似，均呈"蘑菇"型，喷肥针尖从入土时刻到达土壤最深处的曲线和从土壤最深处到达离土时刻的曲线相似，即扎穴机构绝对运动时喷肥针可以沿着入土运动方向返回，有利于减小喷肥针离土时的阻力，"蘑菇"型的运动轨迹既能满足作业要求，又可以获得较好的力学特性。

6 全椭圆齿轮行星系扎穴机构的设计与仿真

全椭圆齿轮行星系扎穴机构轨迹控制机构全部采用椭圆齿轮传动，与采用椭圆齿轮与正圆齿轮相结合的椭圆齿轮行星系扎穴机构相比，结构紧凑，运动平稳，扎穴效率高。采用理论分析、计算机机辅助设计和计算机仿真相结合的方法对全椭圆齿轮行星系扎穴机构进行设计，该设计方法是椭圆齿轮设计与分析方法在施肥机械上的另一应用。

建立全椭圆齿轮扎穴机构运动学模型，采用计算机辅助设计进行优化设计。将优化结果导入 Pro/E，应用 Pro/E 软件绘制扎穴机构各零部件的三维实体图和机构装配图，对扎穴机构的运动情况进行运动学分析。将模型导入运动学和动力学仿真软件 ADAMS 中，添加约束和运动副，最终形成系统的虚拟样机。应用 ADAMS 软件对扎穴机构进行动力学分析。

曲柄摇杆式扎穴机构和椭圆齿轮行星系扎穴机构转动一周时仅扎穴一次，全椭圆齿轮行星系扎穴机构转动一周时扎穴两次，如果仍用输肥管联接分配器和喷肥针，两输肥管会因扎穴机构的转动而相互缠绕。在全椭圆齿轮行星系扎穴机构的设计过程中，将太阳轮轴和行星轮轴均设联通孔，液态肥流经太阳轮轴和行星轮轴后从喷肥针孔喷出，解决扎穴机构运动过程中使用软管连接分配器与喷肥针时的缠绕难题，为快速穴深施肥扫清障碍。

6.1 全椭圆齿轮行星系扎穴机构的特点

如图 6.1 所示，全椭圆齿轮深施肥扎穴机构由五个全等的椭圆齿轮、行星架、两对摇臂和喷肥针组成。椭圆齿轮初始安装相位相同（所有椭圆齿轮长轴都在一条直线上），中央椭圆齿轮Ⅰ（亦称太阳轮）与机架固定，太阳轮两边对称布置两对椭圆齿轮，行星架与太阳轮共轴心，行星椭圆齿轮（齿轮Ⅲ）与摇臂（喷肥针装配固定在摇臂的一端）固结为一体。工作时，行星架（动力输入件）转动，两个中间椭圆齿轮Ⅱ（亦称惰轮）绕太阳轮转动，带动两个行星椭圆齿轮周期性摆动，摇臂上各点（包括喷肥针尖 D）做复合运动：行星椭圆齿轮随行星架的顺时针旋转运动（牵连运动）和随行星椭圆齿轮做相对于行星椭圆齿轮轴的摆动（相对运动）构成喷肥针尖特殊的运动轨迹。通过选取合适的参数，其合成运动能够满足喷肥针的扎穴要求。

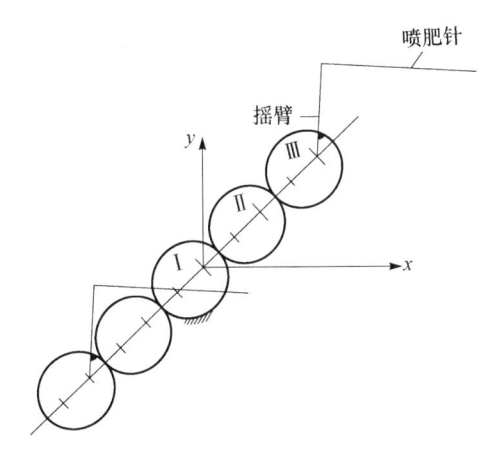

图 6.1 全椭圆齿轮行星系扎穴机构结构示意图

6.2 全椭圆齿轮行星系扎穴机构运动学模型的建立

6.2.1 扎穴机构的角位移分析

在进行针尖轨迹计算的过程中，通过主动轮角位移计算从动轮角位移，反三角函数唯一值和角位移正负号的确定的关键是角位移初始边的设定（图 6.2）。

如图 6.2 所示，设 O 为行星架转动中心，也是太阳轮（椭圆齿轮Ⅰ）的转动中心，A 为惰轮（椭圆齿轮Ⅱ）转动中心，B 为行星轮（椭圆齿轮Ⅲ）转动中心，O、A、B 分别为椭圆齿轮的焦点。O'、A'、B' 分别为对应椭圆齿轮的另一焦点。太阳轮固定于机架，在工作中保持静止。太阳轮长

96　液态肥机械深施理论与技术

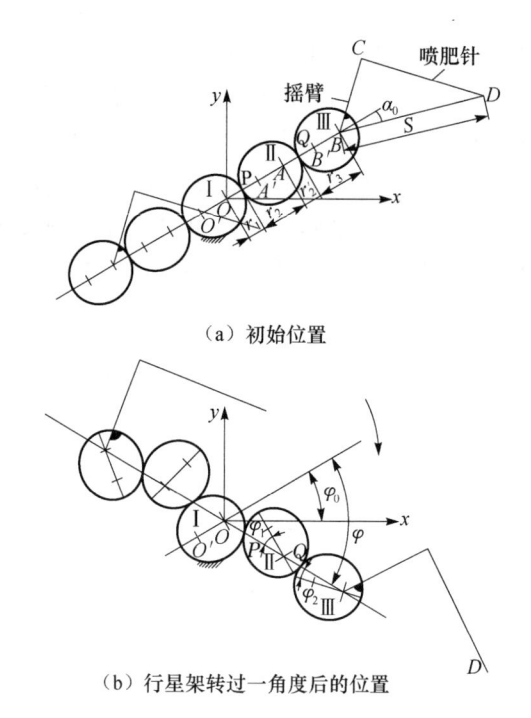

(a) 初始位置

(b) 行星架转过一角度后的位置

图 6.2　椭圆齿轮行星系扎穴机构示意图

轴 $\overline{OO'}$ 为行星架 OB 转动初始边，与 x 轴初始夹角为 φ_0。行星架转角 φ，规定行星架相对于初始边逆时针转动为正。

行星架顺时针转动，P 为齿轮Ⅰ、Ⅱ的啮合点，则

$$r_1 = \frac{b^2}{a(1+\sqrt{1-k^2}\cdot\cos\varphi)} \tag{6.1}$$

式 (6.1) 中，由于行星架顺时针转动，因而 $\varphi<0$，$r_1=\overline{O_1P}$。以椭圆齿轮Ⅱ的长轴 $\overline{A'A}$ 为行星架的初始边，假设椭圆齿轮Ⅱ固定，A 为转动中心，行星架相对椭圆齿轮Ⅱ逆时针转动角度为 φ_1 ($\varphi_1>0$)，由椭圆齿轮的传动特性知

$$r_2 = \frac{b^2}{a(1-\sqrt{1-k^2}\cos\varphi_1)} = \overline{PO_2} = 2a - r_1 \tag{6.2}$$

$$\cos\varphi_1 = \frac{r_2 - \dfrac{b^2}{a}}{r_2\cdot\sqrt{1-k^2}} \tag{6.3}$$

当 $\varphi \in (-\pi, 0)$ 时，$\varphi_1 \in (0, \pi)$；当 $\varphi \in (-2\pi, -\pi)$ 时，$\varphi_1 \in (\pi, 2\pi)$。

$$r'_2 = \frac{b^2}{a(1+\sqrt{1-k^2}\cos\varphi_1)} \tag{6.4}$$

$r_3 = 2a - r'_2$，以椭圆齿轮Ⅲ的长轴 $B'B$ 为行星架的初始边，假设齿轮Ⅲ固定，B 为转动中心，行星架相对椭圆齿轮Ⅲ的顺时针转动角度为 φ_2（$\varphi_2 < 0$），Q 为齿轮Ⅱ、Ⅲ的啮合点，则

$$r_3 = \frac{\dfrac{b^2}{a}}{1-\sqrt{1-k^2}\cos\varphi_2} \tag{6.5}$$

$$\cos\varphi_2 = \frac{r_3 - \dfrac{b^2}{a}}{r_3\sqrt{1-k^2}} \tag{6.6}$$

当 $\varphi \in (-\pi, 0)$ 时，$\varphi_2 \in (-\pi, 0)$；当 $\varphi \in (-2\pi, -\pi)$ 时，$\varphi_2 \in (-2\pi, -\pi)$。

6.2.2 扎穴机构运动学模型

扎穴机构的运动学分析主要是分析各点的位移、速度以及各构件的角位移、角速度。为了便于分析和识别，减少每次设定的麻烦，对相关常量、变量及对应的分析符号说明见表 6.1。

表 6.1 运动学分析符号

符号	说　明	备　注
a	椭圆长半轴长（<0）	已知常量
φ	某一时刻行星架转过的角位移（>0）	已知变量
φ_0	行星架（齿轮箱）的初始角位移（>0）	已知常量
β	摇臂的两端点 BC 连线对 BD 连线的角位移	已知常量
S	行星轮旋转中心到喷肥针尖 D 点的距离	已知常量
L_{2A}	惰轮质心到旋转中心的距离	已知常量
k	椭圆的短长轴之比	已知常量
$\dot{\varphi}$	行星架的转速（匀速）	已知常量
H	穴距	已知常量
α_0	行星架中心连线与行星轮旋转中心到喷肥针尖 D 点连线的初始夹角（<0）	已知常量

续表

符号	说明	备注
r_2	惰轮旋转中心到与太阳轮啮合点 P 的距离	变量
r_2'	惰轮旋转中心到与行星轮啮合点 Q 的距离	变量
r_1	太阳轮旋转中心到与中间轮啮合点 P 的距离	变量
φ_2	行星架相对惰轮的角位移（>0）	变量
r_3	行星轮旋转中心到与惰轮啮合点 Q 的距离	变量
φ_3	行星架相对行星轮的角位移（<0）	变量

6.2.3　机构上各点位移方程和各构件的角位移方程

如图 6.3 所示，建立直角坐标系 xOy，扎穴机构的转动中心位于 O 点，则各点的位移方程建立如下（由于扎穴机构是对称的，因此只需要分析其单边，另外一边相差 $180°$，也可相应分析）：

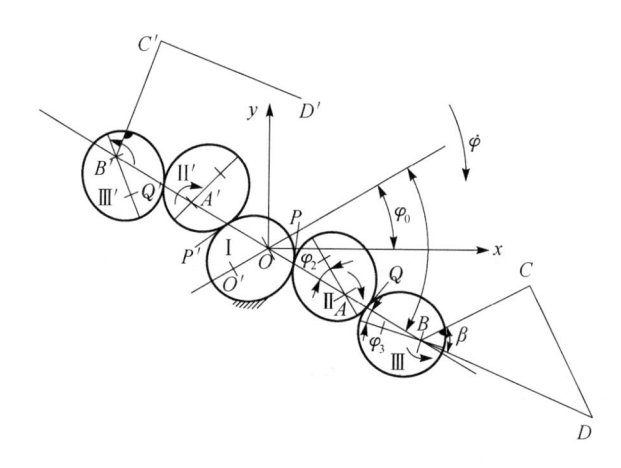

图 6.3　椭圆齿轮行星系扎穴机构结构简图

太阳轮和惰轮啮合点 P

$$\begin{cases} x_P = r_1\cos(\varphi_0+\varphi) \\ y_P = r_1\sin(\varphi_0+\varphi) \end{cases} \quad (6.7)$$

惰轮与行星轮啮合点 Q

$$\begin{cases} x_Q = (2a+r_2')\cos(\varphi_0+\varphi) \\ y_Q = (2a+r_2')\sin(\varphi_0+\varphi) \end{cases} \quad (6.8)$$

6 全椭圆齿轮行星系扎穴机构的设计与仿真

惰轮旋转中心 A

$$\begin{cases} x_A = 2a\cos(\varphi_0 + \varphi) \\ y_A = 2a\sin(\varphi_0 + \varphi) \end{cases} \quad (6.9)$$

行星轮旋转中心 B

$$\begin{cases} x_B = 4a\cos(\varphi_0 + \varphi) \\ y_B = 4a\sin(\varphi_0 + \varphi) \end{cases} \quad (6.10)$$

椭圆齿轮行星系齿轮箱旋转一周,扎穴两次,施肥机前进两个穴距。因此,行星轮旋转中心的绝对运动方程为

$$\begin{cases} x_{Bj} = x_B - \varphi H/180 \quad (\varphi \text{为角度值}) \\ y_{Bj} = y_B \end{cases} \quad (6.11)$$

惰轮质心

$$\begin{cases} x_2 = x_A + L_{2A}\cos(\varphi_0 + \varphi - \pi - \varphi_2) \\ y_2 = y_A + L_{2A}\sin(\varphi_0 + \varphi - \pi - \varphi_2) \end{cases} \quad (6.12)$$

设椭圆齿轮Ⅲ长轴 $B'B$ 相对行星架转角为 φ_2',则 $\varphi_2' = -\varphi_2$。摇臂固定在齿轮Ⅲ上,喷肥针与摇臂装配固定,齿轮Ⅲ相对转动中心 B 到喷肥针尖 D 形成的射线 BD 以 OB 为初始边,其初始角位移为 α_0,则 BD 的角位移 $\varphi_D = \alpha_0 + \varphi + \varphi_0 + \varphi_2' = \alpha_0 + \varphi + \varphi_0 - \varphi_2$。

喷肥针尖静轨迹方程为

$$\begin{cases} x_D = x_B + S \cdot \cos\varphi_D \\ y_D = y_B + S \cdot \sin\varphi_D \end{cases} \quad (6.13)$$

喷肥针尖动轨迹方程为

$$\begin{cases} x_{Dj} = x_D - \varphi \cdot H/180 \\ y_{Dj} = y_D \end{cases} \quad (6.14)$$

6.2.4 机构上各点速度方程和各构件的角速度方程

根据机构上各点位移方程和各构件的角位移方程分别对 t 求导,可得其相应的运动速度参数方程和转动角速度方程。

太阳轮和惰轮啮合点 P

$$\begin{cases} \dot{x}_P = \dot{r}_1\cos(\varphi_0+\varphi) - r_1\dot{\varphi}\sin(\varphi_0+\varphi) \\ \dot{y}_P = \dot{r}_1\sin(\varphi_0+\varphi) + r_1\dot{\varphi}\cos(\varphi_0+\varphi) \end{cases} \quad (6.15)$$

惰轮与行星轮啮合点 Q

$$\begin{cases} \dot{x}_Q = \dot{r}'_2\cos(\varphi_0+\varphi) - (2a+\dot{r}'_2)\dot{\varphi}\sin(\varphi_0+\varphi) \\ \dot{y}_Q = \dot{r}'_2\sin(\varphi_0+\varphi) + (2a+\dot{r}'_2)\dot{\varphi}\cos(\varphi_0+\varphi) \end{cases} \quad (6.16)$$

惰轮旋转中心 A

$$\begin{cases} \dot{x}_A = -2a\dot{\varphi}\sin(\varphi_0+\varphi) \\ \dot{y}_A = 2a\dot{\varphi}\cos(\varphi_0+\varphi) \end{cases} \quad (6.17)$$

行星轮旋转中心 B

$$\begin{cases} \dot{x}_B = -4a\dot{\varphi}\sin(\varphi_0+\varphi) \\ \dot{y}_B = 4a\dot{\varphi}\cos(\varphi_0+\varphi) \end{cases} \quad (6.18)$$

椭圆齿轮行星系齿轮箱旋转一周,扎穴两次,施肥机前进两个穴距。因此,行星轮旋转中心的绝对运动方程为

$$\begin{cases} \dot{x}_{Bj} = \dot{x}_B - \dot{\varphi}H/180 \\ \dot{y}_{Bj} = \dot{y}_B \end{cases} \quad (6.19)$$

惰轮质心

$$\begin{cases} \dot{x}_2 = \dot{x}_A - L_{2A} \cdot (\dot{\varphi}-\dot{\varphi}_2) \cdot \sin(\varphi_0+\varphi-\pi-\varphi_2) \\ \dot{y}_2 = \dot{x}_A + L_{2A} \cdot (\dot{\varphi}-\dot{\varphi}_2) \cdot \cos(\varphi_0+\varphi-\pi-\varphi_2) \end{cases} \quad (6.20)$$

喷肥针尖的相对速度方程为

$$\begin{cases} \dot{x}_D = \dot{x}_B - S\dot{\varphi}_D\sin\varphi_D \\ \dot{y}_D = \dot{y}_B + S\dot{\varphi}_D\cos\varphi_D \end{cases} \quad (6.21)$$

喷肥针尖的绝对速度方程为

$$\begin{cases} \dot{x}_{Dj} = \dot{x}_D - \dot{\varphi} \cdot H/180 \\ \dot{y}_{Dj} = \dot{y}_D \end{cases} \quad (6.22)$$

下面计算行星架相对惰轮 II 的角速度 $\dot{\varphi}_2$,由反转法知 $\dfrac{-\dot{\varphi}_2}{\dot{\varphi}_1-\dot{\varphi}} = -\dfrac{r_1}{r_2}$,又由于太阳轮 I 固定,所以 $\dot{\varphi}_1=0$,则

$$\dot{\varphi}_2 = -\frac{r_1}{r_2}\dot{\varphi} = \frac{r_1}{r_1 - 2a}\dot{\varphi} \tag{6.23}$$

式中，$r_1 = \dfrac{bk}{1+\sqrt{1-k^2}\cos\varphi}$。

同理可以使用反转法计算行星架相对行星轮Ⅲ的角速度 φ_3，由反转法知 $\dfrac{\dot{\varphi}_3}{\dot{\varphi}_2} = -\dfrac{\dot{r}_2}{r_3}$，则

$$\dot{\varphi}_3 = \frac{r_2'\dot{\varphi}_2}{r_2' - 2a} \tag{6.24}$$

式中，$r_2 = \dfrac{bk}{1+\sqrt{1-k^2}\cos\varphi_2}$。

6.3 全椭圆齿轮行星系扎穴机构的计算辅助设计

为获得良好的施肥效果和工作可靠性、功耗小、不伤苗、划出沟痕小、不抛土，对喷肥针尖的轨迹和姿态有如下要求，即具体优化目标如下：①喷肥针的入土深度 90～140mm；②两穴之间的距离 200～320mm；③喷肥针入土时，喷肥针与水平线夹角 70°～110°；④沟痕宽度小于 35mm；⑤喷肥针尖静轨迹成"泪滴形"；⑥工作时，在入土到出土过程中，喷肥针尽可能与地面垂直，以减小功率消耗。

在满足上述条件下，为获得良好的扎穴效率和动力学性能，扎穴机构应尽可能轻便简单。因此，扎穴机构的目标函数是其圆盘直径 d，它是齿轮模数 m、齿轮齿数 z、椭圆齿轮的短轴和长轴的比值 k 的非线性函数，即 $d=f(z,m,k)$（为保证齿轮的强度，齿轮模数固定为 3；为满足扎穴深度和喷肥针入土姿态的要求，固定 z 为 23）。

根据对该机构运动分析建立的数学模型和目标函数，在 Visual Basic6.0 上编写具有良好人机对话的分析软件。软件的输入参数包括 L、k、α_0、φ_0、S，软件能够根据上述参数的变化实时显示喷肥针尖的轨迹和入土姿态。机构扎穴轨迹和入土姿态模拟图如图 6.4 所示。

应用人机对话仿真软件对扎穴机构进行运动学分析，得出满足要求的优化结果，见表 6.2。

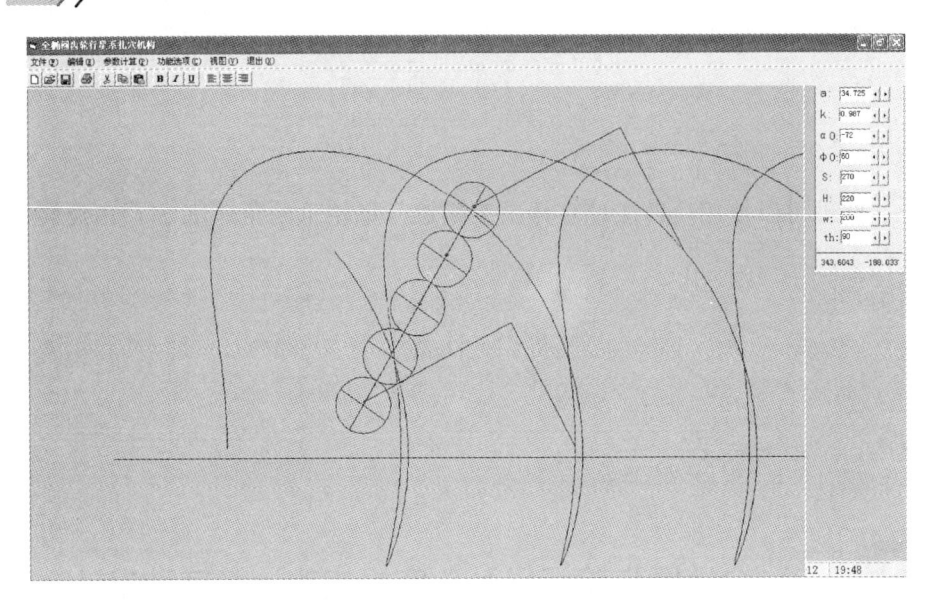

图 6.4　机构扎穴轨迹和入土姿态模拟图

表 6.2　优化结果

a/mm	k	α_0/°	φ_0/°	S/mm
34.725	0.987	−72	60	270

6.4　全椭圆齿轮深施肥扎穴机构的动态仿真

根据优化结果设计的椭圆齿轮，应用 Pro/E 设计扎穴机构，其结构仿真图如图 6.5 所示。

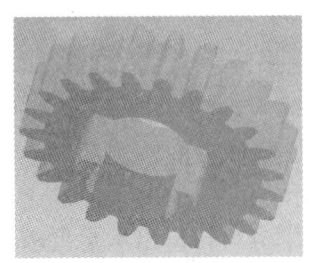

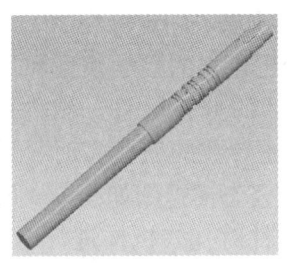

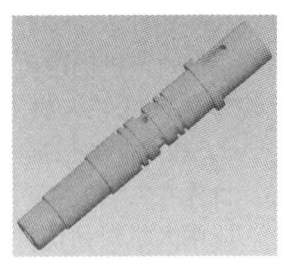

(a) 太阳轮　　　(b) 太阳轮轴　　　(c) 行星轮轴

图 6.5　关键部件三维结构图

6 全椭圆齿轮行星系扎穴机构的设计与仿真

因设计中主要侧重对机构的轨迹及运动学目标进行优化分析，造型设计中没有强调对模型的美观而对其外形进行精确复杂的描述。而且在动力学软件中，零件间如果不发生相对运动，即限制六个自由度，那么可以用固定副进行固定。因此，为了使仿真过程顺利进行，节省时间，导入 ADAMS 中的模型，简化一些连接件（仅起固定作用的螺栓连接、键与键槽连接等）连接及机构零部件在轴向方向定位的装配，仅对影响仿真分析的重要零部件（五个椭圆齿轮、齿轮箱、摇臂、喷肥针、太阳轮轴、惰轮轴和行星轮轴等）造型。图 6.5 分别为太阳轮、太阳轮轴和行星轮轴三维实体图，图 6.6 为扎穴机构在初始安装位置的虚拟装配图。

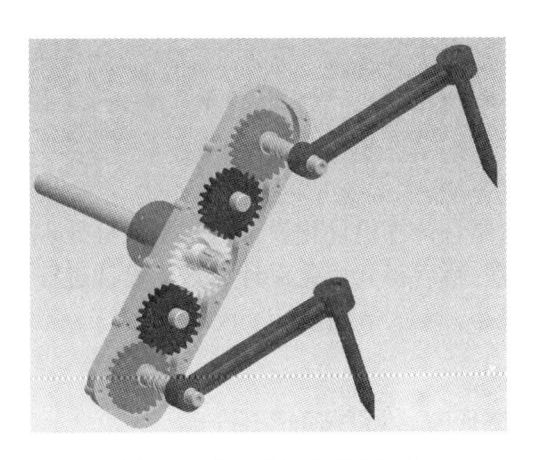

图 6.6　扎穴机构虚拟装配图

齿轮、齿轮轴均定义为刚体，材料为钢，忽略相互之间的弹性变形。在各部件间施加约束：两齿轮轴之间分别添加旋转副，行星系箱架与机架固接。轴与齿轮间均用固定副固定在一起以便于分析。

两对椭圆齿轮间的啮合均采用"接触"，接触参数设置如下：接触类型为实体对实体，求解接触力的方法采用冲击函数法，添加接触刚度 1.0×10^8 N/mm，刚度系数 1.5，阻尼 50N-s/mm，接触深度 0.1mm；求解摩擦力的方法采用库仑法，添加静摩擦系数 0.3，动摩擦系数 0.1，静滑移速度 100mm/s，动滑移速度 1000mm/s。在行星架上添加驱动电机后，完成扎穴机构的 ADAMS 仿真模型。

通过 ADAMS 仿真，得到喷肥针尖相对运动和绝对运动轨迹，如图 6.7 所示。扎穴机构的 ADAMS 仿真模型符合优化目标的要求，两喷肥针不存在干涉现象，通过设置齿轮箱架前进速度，可以达到穴距的要求，扎穴深度符合设计要求。

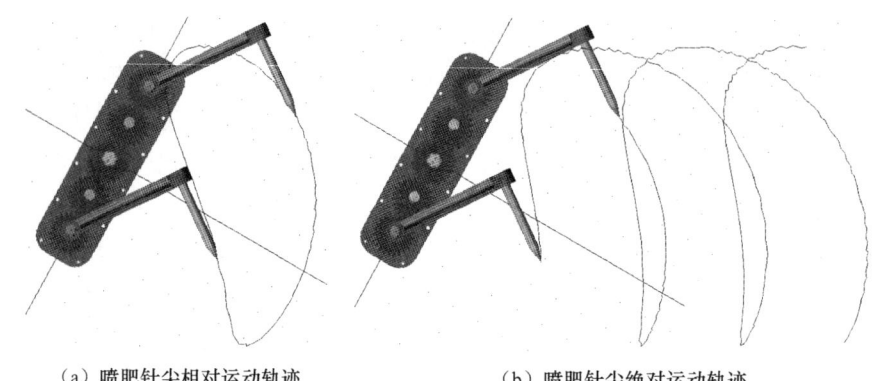

（a）喷肥针尖相对运动轨迹　　　　（b）喷肥针尖绝对运动轨迹

图 6.7　喷肥针尖轨迹

以上设计方法结合计算机优化设计、试验数据处理、计算机仿真设计等一系列设计过程，最后得到优化设计参数。设计过程把制造实际工作机器的需求降低到最小，大大节约设计了成本。

6.5　液态肥输送防缠绕设计

为完成液态肥的顺利喷射，液态肥从分配器到喷肥针的流动线路是设计过程考虑的重点之一。在一个箱体上对称配置两对摇臂和喷肥针，液态肥输肥管如果从分配器出液管直接连接到喷肥针尾端，则必然导致缠绕现象的发生，分析如下。

从两喷肥针尾端分别引出两条输肥管，机构运动过程中施肥管发生缠绕。如图 6.8 所示，绘制扎穴机构一端喷肥针尾端与另一端行星轮轴轨迹。在机构计算机仿真及试验过程中发现，缠绕过程发生在一端喷肥针的针尾轨迹被另一端行星轮轴轨迹包围的运行时间段。喷肥针的针尾端轨迹周期性地被另一端行星轮轴轨迹包围，此设计必然导致缠绕现象的周期性发生。此时两接入喷肥针尾端的软管相互缠绕，机构无法正常工作。因此，必须重新设计液态肥的流动路线，如图 6.9 和图 6.10 所示。

6 全椭圆齿轮行星系扎穴机构的设计与仿真

行星轮轴轨迹　　喷肥针尾端轨迹

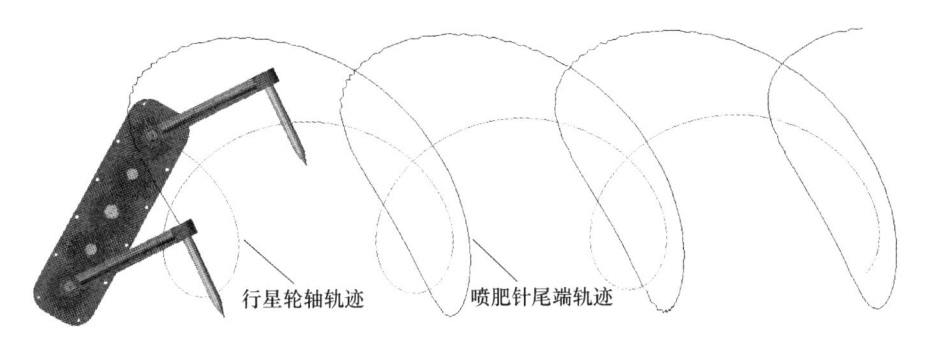

图 6.8　行星轮轴与喷肥针尾端绝对运动轨迹

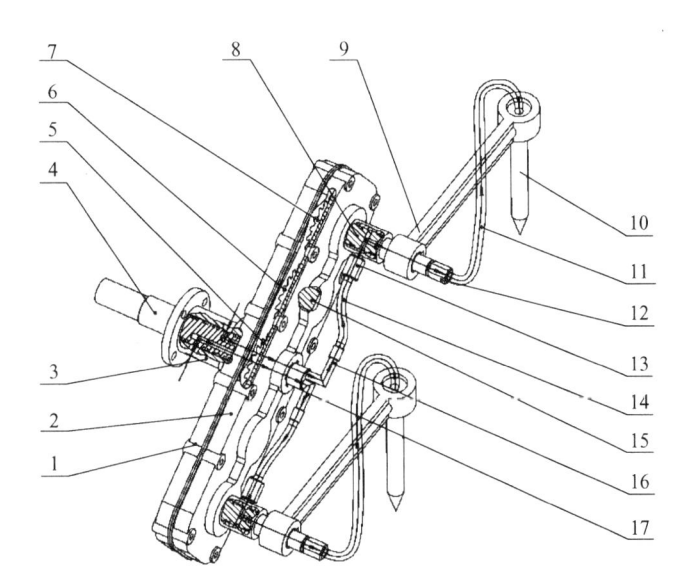

图 6.9　深施液态施肥全椭圆齿轮防缠绕扎穴机构结构示意图
1. 左壳体；2. 右壳体；3. 箱体架；4. 太阳轮轴；5. 太阳轮；6. 惰轮；7. 行星轮；8. 行星轮轴；
9. 摇臂；10. 喷肥针；11. 后输肥软管；12. 卡套式后直通终端管接头；13. 卡套式前直通终端管接头；
14. 前输肥软管；15. 惰轮轴；16. 长弯管接头；17. 短弯管接头

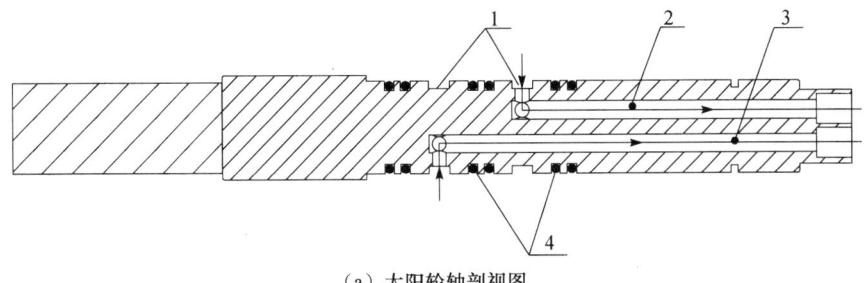

（a）太阳轮轴剖视图

(b) 行星轮轴剖视图

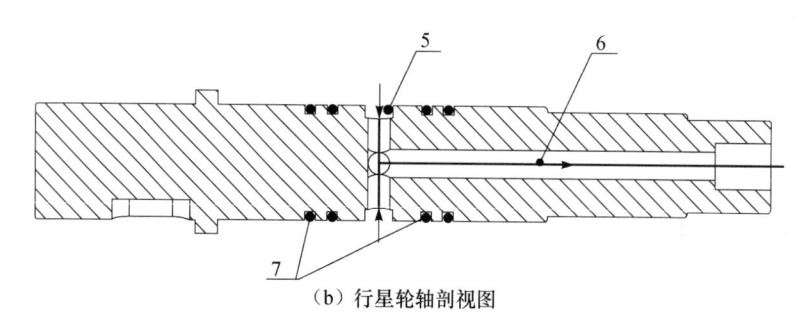

图 6.10 太阳轮轴和行星轮轴的剖视图
1. 环形槽 A；2. 输肥道 A；3. 输肥道 B；4. O 型密封圈 A；5. 环形槽 B；
6. 输肥道 C；7. O 型密封圈 B

如图 6.9 和图 6.10 所示，在左壳体右侧部上端固定配装右壳体，左壳体与右壳体构成齿轮箱体；在左壳体左侧中间部位上可转动安装带有两个液肥输入孔的箱体架，太阳轮轴插装在箱体架、左壳体及右壳体上，太阳轮轴在箱体架上转动配合，太阳轮轴与左壳体、右壳体固定配合，太阳轮可转动地套装在太阳轮轴上，太阳轮与箱体架固接成一体；在齿轮箱体上太阳轮对称的两侧部位处分别与太阳轮轴平行地配装一根惰轮轴和一根行星轮轴，惰轮固装在惰轮轴上，行星轮固配在行星轮轴上，太阳轮与惰轮啮合，惰轮与行星轮啮合；在每一根行星轮轴右壳体外侧部位上固装摇臂，喷肥针安装在摇臂端部上；在太阳轮轴上设有两条环形槽 A 和输肥道 A、输肥道 B，两条环形槽 A 中的一条分别与箱体架上的两个液肥输入口中的一个连通，输肥道 A 和输肥道 B 分别与两条环形槽 A 中的一条连通，在太阳轮轴端部上分别固装长弯管接头和短弯管接头，长弯管接头与输肥道 A 连通，短弯管接头与输肥道 B 连通；在每一根行星轮轴上开设相互连通的环形槽 B 和输肥道 C，卡套式前直通终端管接头配装在右壳体上，与环形槽 B 相互连通，在每一根行星齿轮轴端部上配装卡套式后直通终端管接头，一根前输肥软管的两端分别连接在长弯管接头和卡套式前直通终端管接头上，另一根前输肥软管的两端分别连接在短弯管接头和另一个卡套式前直通终端管接头上，后输肥软管的两端分别与卡套式后直通终端管接头和喷肥针连接。在太阳轮轴上的两条环形槽 A 的两侧部位处分别配装 O 型密封圈 A；在行星轮轴上的环形槽 B 两侧部位处配装 O 型密封圈 B。

作业时，外输动力驱动太阳轮轴并带动由左壳体与右壳体构成的齿轮箱体在箱体架上转动；在惰轮轴和行星轮轴一起随齿轮箱体公转时，在太阳轮控制下，经惰轮使行星轮进行自转，行星轮的公转和自转运动通过行星齿轮轴传递给摇臂，带动喷肥针完成插入土壤和拔出土壤的循环连续作业。同时，高压液态肥从液肥分配器依次经箱体架上的两个液肥输入孔、太阳轮轴上的两条环形槽 A，再分别经输肥道 A、输肥道 B 及长弯管接头、短弯管接头、卡套式前直通终端管接头，由两侧的前输肥软管、行星轮轴 8 上的环形槽 B、输肥道 C、卡套式后直通终端管接头、后输肥软管进入喷肥针 10 内，完成循环、连续液肥施肥作业。太阳轮轴和行星轮轴上的环形槽 A 和环形槽 B，保证作业时液肥流动的顺畅，避免阻断现象的发生。同时，消除前、后输肥软管的缠绕故障，机构之间无干涉。

7 存在问题与展望

从国内外的研究现状可以看出，众多国内外学者主要针对液态肥叶片喷洒机具和固态化肥深施机具进行研究并取得丰硕成果，但对液态肥的深施作业机具的研制却未见报道。作者将国内外液态喷洒施肥机械的工作原理与深施技术相结合，设计出一种深施型液态施肥装置，该装置可将液态肥施入作物根部附近的土壤层中，具有施肥过程不破坏作物根系、施肥方便、减少污染以及提高化肥利用率的特点。这项研究在国内尚属首创。

对深施型液态施肥机扎穴机构有三个要求：一是满足喷肥针的轨迹和姿态；二是保证喷肥针入土后喷施和离土前停喷液态肥；三是在保证扎穴质量的前提下尽量提高单位时间内的扎穴次数。曲柄摇杆机构、椭圆齿轮行星系扎穴机构和全椭圆齿轮行星系扎穴机构均能满足前两个要求，但由于曲柄摇杆机构的固有特点，尽管采用各种优化、平衡和减震的办法，单位时间内的扎穴次数最高为 240 次/min。若进一步提高扎穴次数，惯性力增大，振动就变得明显，严重影响机具的使用寿命。而椭圆齿轮行星系扎穴机构虽然经过运动学和动力学优化，但实际扎穴次数仅为 400 次/min，进一步提高扎穴次数仍会出现振动加剧。如何在保证扎穴质量的前提下提高扎穴次数是值得进一步研究的问题。要增加曲柄摇杆式扎穴机构和椭圆齿轮行星系扎穴机构的扎穴次数的可能性不太大，因为不管从运动学还是从动力学角度对曲柄摇杆式扎穴机构和椭圆齿轮行星系扎穴机构的研究都比较彻底，已没有更大的研究空间。

今后扎穴机构研究的重心应是全椭圆齿轮行星系扎穴机构，由于全椭圆齿轮行星系扎穴机构的研究目前还只局限于运动学分析，故需对全椭圆齿轮行星系扎穴机构进行动力学分析。动力学分析时，采用运动学分析得到满足运动学特性的一组机构参数范围，其中每一组参数都是"非劣解"，将此参数范围作为约束条件，以动力学特性分析为目标函数，再次对机构进行复优化。这样得出的最优参数组合既能满足运动学要求，又使机构具有最佳动力学特性。

全椭圆齿轮行星系扎穴机构动力学优化是多目标优化问题。在进行动力学分析时，如果单独追求某一动力学指标，往往以牺牲其他指标为代价。因此，可应用基于"种间竞争"的优化过程改进的遗传算法，应用 Visual Basic 6.0 开发出动力学优化软件，只需输入动力学优化参数就可以得出动力学优化结果。通过动力学优化能够得出全椭圆齿轮行星系扎穴机构的最佳参数，并不意味着这种扎穴机构是完美的，因为完美机构代表该机构的终结，必然会被新型机构所代替。因此，在研究全椭圆齿轮行星系扎穴机构过程中也应探究新型高效的扎穴机构。

本书中的凸轮轮廓曲线采用多项式、简谐运动或摆线运动等标准解析型函数及其组合形式来表达，方程形式不统一，不能解决具有极特殊传动规律的问题，具有局限性。因此，对凸轮轮廓曲线的表达式也需进一步改进。如果采用 NURBS 曲线优化凸轮轮廓，提出基于自由曲线的运动学特性及凸轮廓线的表达方法和基于自由曲线的凸轮廓线反求设计准则，对凸轮的反求设计具有普遍意义。

我国化肥支出约占农业生产总成本的 25%，但由于农民科学施肥意识和施肥水平低，不仅造成肥料浪费，而且氮、磷肥及其离子在土壤中沉积，使土质恶化，若流入水中又使水体富营养化。科学施肥不仅是增产的重要物质基础，也是降低农业生产成本，提高经济效益的重大潜力所在。因此，研究深施型液态施肥机的同时，必须考虑对不同作物进行施肥时氮、磷、钾肥的配比关系。若采用单片机自动控制电磁阀开闭的原理实现氮、磷、钾肥比例的调节，根据不同作物需肥量科学合理地施用液态肥，对提高农作物产量，降低生产成本，增加农民收入，提高农业的投入产出率都有重要意义。

参 考 文 献

陈辉，王波．2005．化肥深施机具选择及使用方法．现代农业科技，(6)：39，40
程亨曼，孙文峰，陈宝昌．2005．多功能液态深施机的设计．农机化研究，(1)：173-174
窦国红．1981．湍流力学（上册）．北京：高等教育出版社
冯金龙，王金武，李玉清，等．2008．穴施液体施肥装置施肥机理的试验研究．黑龙江八一农垦大学学报，20(6)：44-47
冯金龙，王金武．2007．探针注入式深层施肥机构的运动分析．农机化研究，(4)：64，65
冯金龙．2007．液体施肥装置施肥机理的试验研究．哈尔滨东北农业大学硕士论文：1-5
冯元琦．2001．美国高浓度液态肥——无水液氨．化肥设计，(1)：59，60
冯元琦．2005．中国化肥圆满走过百年．中国农资，(3)：46-48
龚永坚，刘丽敏，俞高红，等．2005．水稻插秧机后插式分插机构运动分析与试验．农业机械学报，36(9)：41-43
顾蓉蓉．2002．盘型凸轮轮廓的计算机辅助设计．南通职业大学学报，16(4)：24-27
郭利锋，郭顺生．2005．凸轮轮廓的设计与仿真．机械研究与应用，18(3)：95-99
郭卫东．2008．虚拟样机技术与 ADAMS 应用实例教程．北京：北京航空航天大学出版社：51-142
韩清华，李树君，毛志怀，等．2009．微波真空干燥条件对苹果脆片感官质量的影响．农业机械学报，40(3)：130-134
黄燕，汪春，衣淑娟．2005a．液体肥料施用过程中喷头流量影响因素的分析．黑龙江八一农垦大学学报，17(2)：49-52
黄燕，汪春，衣淑娟．2005b．液体肥料施用装置试验台的设计．现代化农业，(8)：40，41
黄燕，汪春，衣淑娟．2006．液体肥料的应用现状与发展前景．农机化研究，(2)：198-200
黄燕，汪春，衣淑娟．2007a．液体肥料施用过程中喷头流量均匀度影响因素的研究．安徽农学通报，13(19)：108，109
黄燕，汪春，衣淑娟．2007b．液体肥料施用装置设计与试验．农业机械学报，38(4)：85-89
黄永玉，张建育．2009．基于 AutoCAD 的凸轮轮廓曲线设计方法研究．青海大学学报，27(1)：25-27
机械设计手册编委会．2004a．机械设计手册（第三版）第一卷．北京：机械工业出版社
机械设计手册编委会．2004b．机械设计手册（第三版）第二卷．北京：机械工业出版社
机械设计手册编委会．2004c．机械设计手册（第三版）第三卷．北京：机械工业出版社

机械设计手册编委会. 2004d. 机械设计手册（第三版）第四卷. 北京：机械工业出版社
机械设计手册编委会. 2004e. 机械设计手册（第三版）第五卷. 北京：机械工业出版社
贾永春. 2003. 化肥深施机械化技术. 农机技术，（1）：53，54
江波，汤楚宙，蔡敬文. 2006. 化肥机械化深施技术应再次引起重视. 现代农业装备，（11）：51-55
景华明. 2007. 化肥深施作用大. 农民致富之友，（4）：21
李宝筏. 2003. 农业机械学. 北京：中国农业出版社：349-386
李彦明. 2005. 变量施肥机研究技术报告. 上海：上海交通大学
李增刚. 2007. ADAMS入门详解与实例. 北京：国防工业出版社：101-118
李志红，李锦泽，侯桂凤，等. 2008. 变量施肥机的设计. 农机化研究，（8）：109-110
裴艳兰，和丽，许纪倩. 2007. 高速水稻插秧机中非圆齿轮齿廓的图形仿真. 机电产品开发与创新，20（5）：96，97
裘建新. 2004. 机械原理课程设计指导. 北京：高等教育出版社：38-99
陕建伟. 2007. 化肥深施，节肥增益. 山西农业，（8）：32，33
邵春雷，顾伯勒，陈晔. 2009. 离心泵内部非定常压力场的数值研究. 农业工程学报，25（1）：75-80
孙桓，陈作模，葛文杰. 2006. 机械原理. 北京：高等教育出版社：151-168
谭伟明，胡赤兵，冼伟杰，等. 2001. 非圆齿轮滚切最简数学模型及其图形仿真. 机械工程学报，37（5）：71-82
腾弘飞，王奕首，史彦军. 2006. 人机结合的关键支持技术. 机械工程学报，42（11）：1-9
汪家铭. 2001. 液体肥料开发应用前景广阔. 应用科技，（12）：15
王金峰，王金武，葛宜元. 2009. 深施型液态施肥装置的设计与试验. 农业机械学报，40（4）：58-63
王金峰，王金武. 2007a. 液态变量施肥机两种不同变量机构的研究. 农机化研究，（1）：123-125
王金峰，王金武. 2007b. 液态变量施肥机扎穴机构的研究. 2007年中国农业工程学术会议论文集：55-57
王金武，纪文义，冯金龙，等. 2008. 液态施肥机的设计与试验研究. 农业工程学报，24（6）：157-159
王金武，王金峰，鞠金艳. 2011. 深施型液态施肥机扎穴机构动力学优化. 农业工程学报，27（1）：165-169
王万中. 2004. 试验的设计与分析. 北京：高等教育出版社：15-206
武传宇，赵匀，陈建能. 2008. 水稻插秧机分插机构人机交互可视化优化设计. 农业机械学报，39（1）：73，74
郝晓焕，王金峰，郎春玲，等. 2011. 液态施肥机椭圆齿轮扎穴机构优化设计与仿真. 农业机械学报，42（2）：80-83
谢传锋. 2003. 静力学. 北京：高等教育出版社：107-129

谢传锋. 2006. 动力学（第二版）. 北京：高等教育出版社：193-213

辛继红，任述光，汤兴初. 茶叶紧压机的凸轮推杆运动分析. 农机化研究，（6）：31-33

徐芳，周志刚. 2007. 基于ADAMS的凸轮机构设计及运动仿真分析. 机械设计与制造，（9）：78-80

徐怀德，闫宁环，陈伟，等. 2008. 黑莓原花青素超声波辅助提取优化及抗氧化性研究. 农业工程学报，24（2）：264-269

阎宗彪，陈春风. 2008. 充分利用当前优势推广机械化肥深施. 河北农机，（1）：43-53

杨可桢，程光蕴，李仲生. 2007. 机械设计基础. 北京：高等教育出版社：40-130

杨文珍，赵匀，李革，等. 2003. 高速水稻插秧机移箱螺旋轴回转轨道优化设计. 农业机械学报，34（6）：167，168，175

俞高红，赵凤芹，武传宇，等. 2004. 正齿行星轮分插机构的运动特性分析. 农业机械学报，35（6）：64-67

张也影. 2002. 流体力学（第二版）. 北京：高等教育出版社：239-252

章伟涌，裘升东，蔡晓霞. 基于OpenGL的摆动滚子从动件盘形凸轮机构三维运动交互仿真. 机械设计，（4）：57-59

赵匀，蒋焕煜，武传宇. 2000. 双季稻高速插秧机偏心链轮分插机构结构设计和参数优化. 机械工程学报，36（3）：37-40

赵匀，俞高红，武传宇，等. 2005. 机构数值分析与综合. 北京：机械工业出版社：105-142

赵匀. 2009. 农业机械分析与综合. 北京：机械工业出版社：191-233

周海. 1999. 凸轮轮廓的计算机辅助设计. 盐城工学院学报，12（3）：17-20

邹东恢，梁敏，杨勇，等. 2009. 香菇多糖复合酶法提取及其脱色工艺优化. 农业机械学报，40（3）：135-138

邹慧君. 2005. 凸轮机构的现代设计. 上海：上海交通大学出版社：23-45

Boa W. 1984. The design and performance of an automatic transplanter for field vegetables. Journal of Agricultural Engineering Research，30：123-130

Chang Z Y, Xu C M, Pan T Q, et al. 2009. A general framework for geometry design of indexing cam mechanism. Mechanism and Machine Theory，44（11）：2079-2084

Chen S, Cai S G, Chen X, et al. 2009. Genotypic differences in growth and physiological responses to transplanting and direct seeding cultivation in rice. Rice Science，16（2）：143-150

Edathiparambil V T. 2002. Development of a mechanism for transplanting rice seedlings. Mechanism and Machine Theory，37（4）：395-410

Fernández A A, Orera I, Abadía J, et al. 2007. Determination of synthetic ferric chelates used as fertilizers by liquid chromatography-electrospray spectrometry in agricultural matrices. Journal of the American Society for Mass Spectrometry，18（1）：37-47

Finnemore E J, Franzini J B. 2005. 流体力学及其工程应用. 钱翼稷，周玉文译. 北京：机械工业出版社：139-192

Gbèhounou G, Adango E. 2004. Sowing date or transplanting as components for integrated Striga hermonthica control in grain-cereal crops. Crop Protection, 23 (5): 379-386

Guo L S, Zhang W J. 2001. Kinematic analysis of a rice transplanting mechanism with eccentric planetary gear trains. Mechanism and Machine Theory, 36 (11): 1175-1188

Hsieh W H. 2007. An experimental study on cam-controlled planetary gear trains. Mechanism and Machine Theory, 42 (5): 513-525

Hua Q, Chang J, Zi Y, et al. 2005. A universal optimal approach to cam curve design and its applications. Mechanism and Machine Theory, 40 (6): 669-692

Kim Y J, Kim H J, Ryu K H, et al. 2008. Fertiliser application performance of a variable-rate pneumatic granular applicator for rice production. Biosystems Engineering, 100 (4): 498-510

Lang C L, Wang J W, Shi Y Q, et al. 2011. Design and development control system for deep-fertilization variable liquid fertilizer applicator. 2011 Fourth International Conference on Intelligent Computation Technology and Automation. 1 (1): 369-372

Lynam B T, Sosewitz B, Hinesly T D. 1972. Liquid fertilizer to reclaim land and produce crops. Water Research, 6 (4): 545-549

Maleki M R, Ramon H, De Baerdemaeker J, et al. 2008. A study on the time response of a soil sensor-based variable rate granular fertiliser applicator. Biosystems Engineering, 100 (2): 160-166

Morris D K, Ess D R. 1999. Development of a site-specific application system for liquid animal manures. Transactions of ASAE, 15: 633-638

Motavalli P P, Anderson S H, Pengthamkeerati P. 2003. Surface compactionand poultry litter effects on corn growth, nitrogen availability, and physical properties of aclaypansoil. Field Crops Research, 84: 303-318

Motavalli P P, Stevens W E, Hartwig G. 2003. Remediation of subsoil compaction and compaction effects on corn N availability by deep tillage and application of poultry manure in a sandy-textured soil. Soil Tillage Res, 71: 121-131

MSC. Software. 2004a. MSC. ADAMS FSP 基础培训教程. 李军, 陶永忠译. 北京: 清华大学出版社: 181-193

MSC. Software. 2004b. MSC. ADAMS/View 高级培训教程. 邢俊文, 陶永忠译. 北京: 清华大学出版社: 55-72

Mulla D J, Bhatti A U, Hammond M W, et al. 1992. A comparison of winter wheat yield and quality under uniform versus spatially variable fertilizer management. Agriculture, Ecosystems & Environment, 38 (4): 301-311

Nyord T, Søgaard H T, Hansen M N, et al. 2008. Injection methods to reduce ammonia emission from volatile liquid fertilisers applied to growing crops. Biosystems Engineering, 100 (2): 235-244

Orth R J, Marion S R, Granger S. 2009. Evaluation of a mechanical seed planter for transplanting Zostera marina (eelgrass) seeds. Aquatic Botany, 90 (2): 204-208

Starzl T E. 1999. A tribute to Jean Borel: a transplanter's point of view. Transplantation Proceedings, 31 (2): 52-53

Sulaiman O, Murphy R J, Hashim R, et al. 2005. The inhibition of microbial growth by bamboo vinegar. J Bamboo and Rattan, 4 (1): 71-80

Wang J F, Ju J Y, Wang J W. 2011. Experimental study on pring hole performances of deep application liquid fertilizer device. 2011 Fourth International Conference on Intelligent Computation Technology and Automation, 1 (2): 71-76

Wrest Park History Contributors. 2009. Field machinery. Biosystems Engineering, 103: 48-60

Xi X H, Wang J W, Lang C L. 2011. Module desing for parameter optimization of pricking Hole mechanism of deep-fertilization liquid fertilizer applicator. 2011 Fourth International Conference on Intelligent Computation Technology and Automation. 1 (1): 480-482

Yan X, Jin J Y, He P, et al. 2008. Recent advances on the technologies to increase fertilizer use efficiency. Agricultural Sciences in China, 7 (4): 469-479

Zayas E E, Cardona S, Jordi L. 2009. Analysis and synthesis of the displacement function of the follower in constant-breadth cam mechanisms. Mechanism and Machine Theory, 44 (10): 1938-1949

Клени Н И, Сакун В А. 1980. Селискохозяйственные и Мелиоративные Мащины. Москва: Агропромиздат: 85-122

Листопад Г Е. 1986. Селискохозяйсевенные и Мелиоративные Мащины. Москва: Агропромиздат: 51, 52